세상 그 어디에도 없는

우리 집 리폼하기

편안하고 자연스러운 '카페 스타일' 만들기

Cafe noyouna Ie ni Reform suru Hon
by Gakken Publishing 2013
First published in Japan 2013 by Gakken Publishing Co., Ltd. Tokyo
Korean translation rights arranged with Gakken Publishing Co., Ltd.
through PLS Agency, Seoul.
Korean edition copyright © 2015 by MoneyPlus, Korea.

편안하고 자연스러운
'카페 스타일'
만들기

우리 집 리폼하기

학연출판사 편집부 펴냄 | 강성욱 옮김

푸른름

세상 그 어디에도 없는
우리 집 리폼하기

초판 1쇄 인쇄 · 2015년 3월 15일
초판 1쇄 발행 · 2015년 3월 21일

지은이 · 학연출판사 편집부
옮긴이 · 강성욱
펴낸이 · 김미용
펴낸곳 · 도서출판 푸르름
편　집 · 장운갑
디자인 · 이종헌
마케팅 · 김미용, 한성호
관　리 · 김민정, 이재식

주　　소 · 서울시 은평구 은평로 11길 12-11 2층
전　　화 · 02-352-3272 ｜ 02-387-4241
팩　　스 · 02-352-3273
이메일 · pullm63@empal.com
등록번호 · 8-246호

잘못된 책은 구입하신 서점에서 교환해 드립니다.
값 15,000원
ISBN 978-89-88388-65-5 (13590)

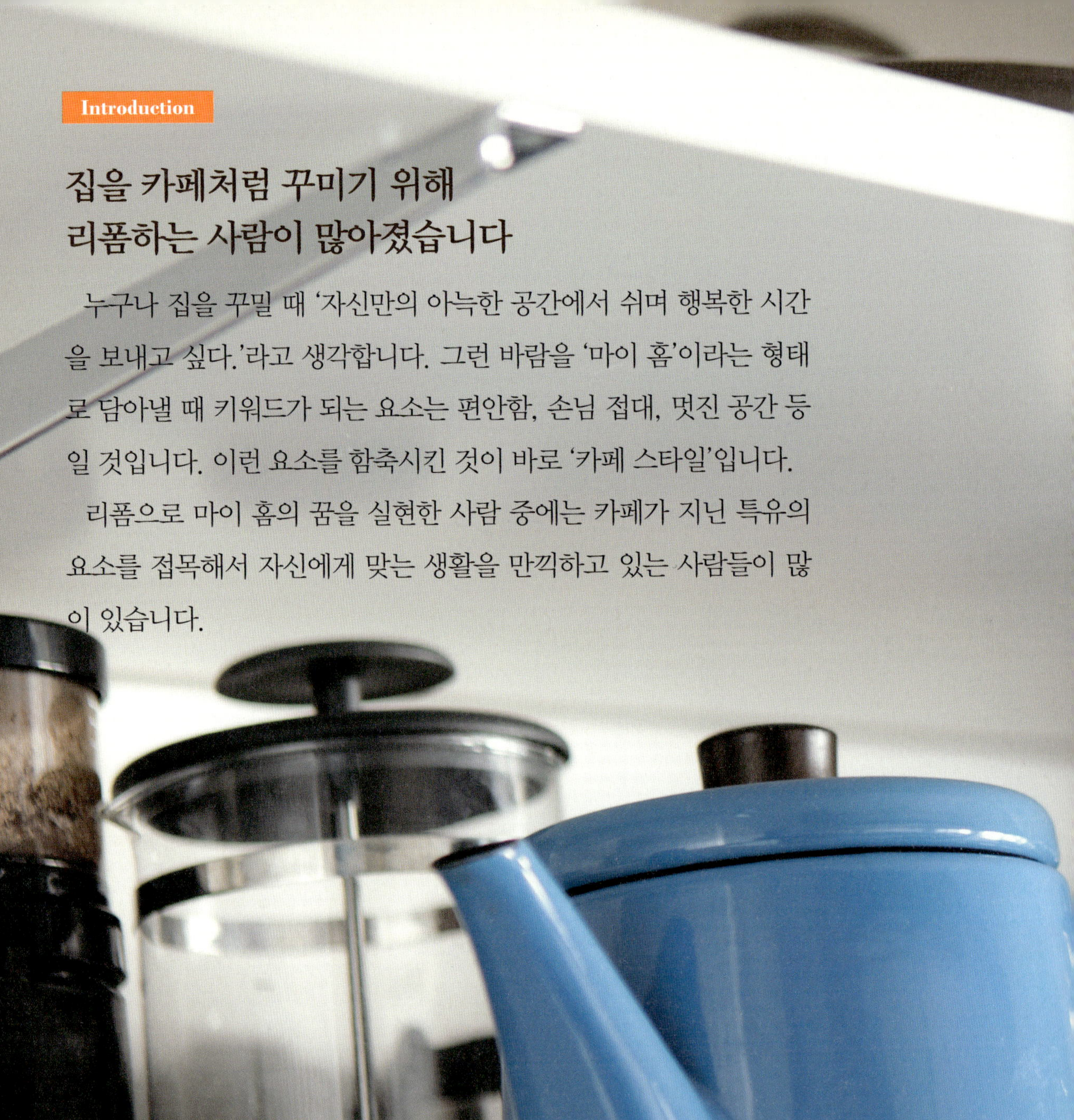

집을 카페처럼 꾸미기 위해
리폼하는 사람이 많아졌습니다

누구나 집을 꾸밀 때 '자신만의 아늑한 공간에서 쉬며 행복한 시간을 보내고 싶다.'라고 생각합니다. 그런 바람을 '마이 홈'이라는 형태로 담아낼 때 키워드가 되는 요소는 편안함, 손님 접대, 멋진 공간 등일 것입니다. 이런 요소를 함축시킨 것이 바로 '카페 스타일'입니다.

리폼으로 마이 홈의 꿈을 실현한 사람 중에는 카페가 지닌 특유의 요소를 접목해서 자신에게 맞는 생활을 만끽하고 있는 사람들이 많이 있습니다.

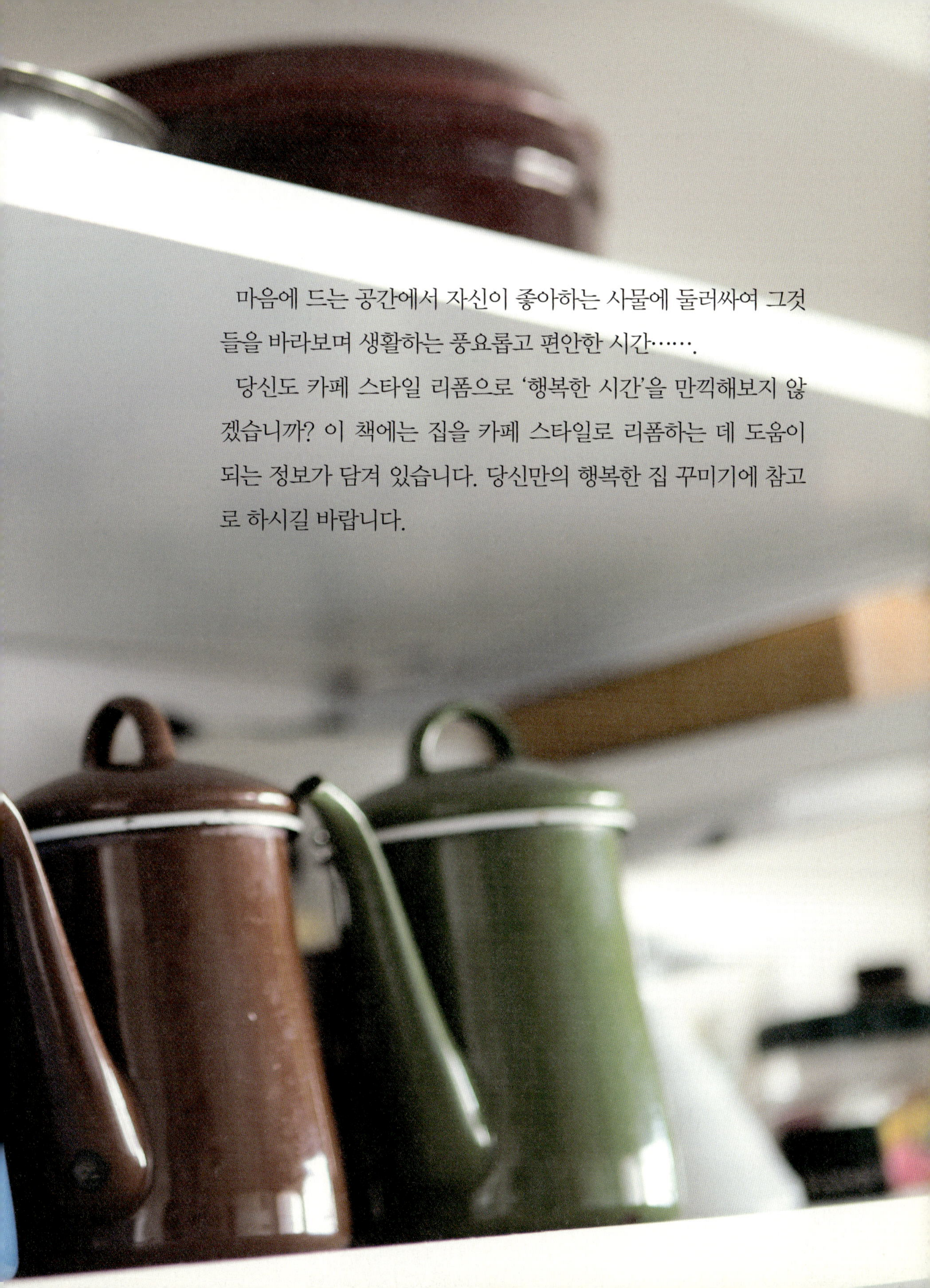
마음에 드는 공간에서 자신이 좋아하는 사물에 둘러싸여 그것들을 바라보며 생활하는 풍요롭고 편안한 시간…….
당신도 카페 스타일 리폼으로 '행복한 시간'을 만끽해보지 않겠습니까? 이 책에는 집을 카페 스타일로 리폼하는 데 도움이 되는 정보가 담겨 있습니다. 당신만의 행복한 집 꾸미기에 참고로 하시길 바랍니다.

INDEX

PART 1

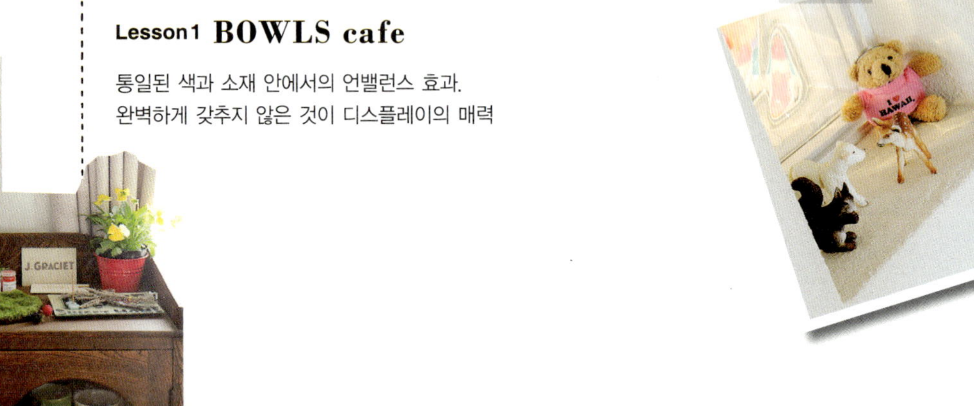

PART 2

PART 3

OPEN

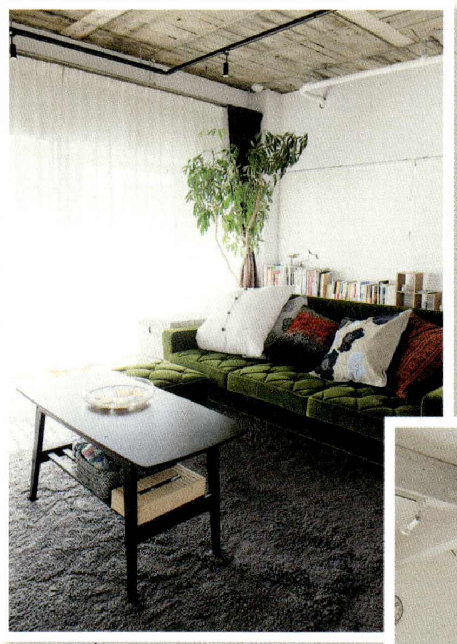

CASE 05

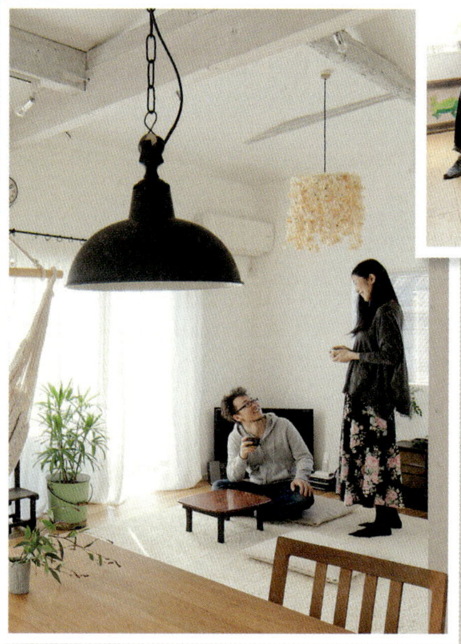

CASE 04

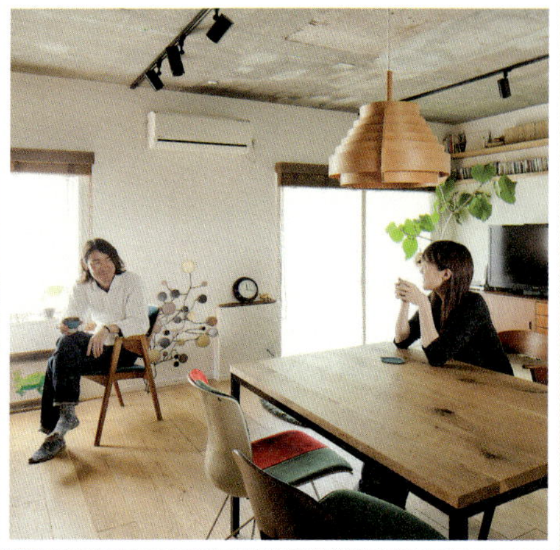

CASE 03

다양한 아이디어와 고안을 통해 화려하게 변신한 마이 홈에서 가족이 카페 같은 생활을 즐기고 있는 5곳의 집을 방문했습니다. 자신들만의 독특한 방법으로 집에서 매일 어떻게 생활하고 있는지, 또 살기 좋고 생활하기 편리한 아이디어 힌트와 카페 스타일을 완성하기 위한 포인트 등을 소개합니다.

나의 HAP

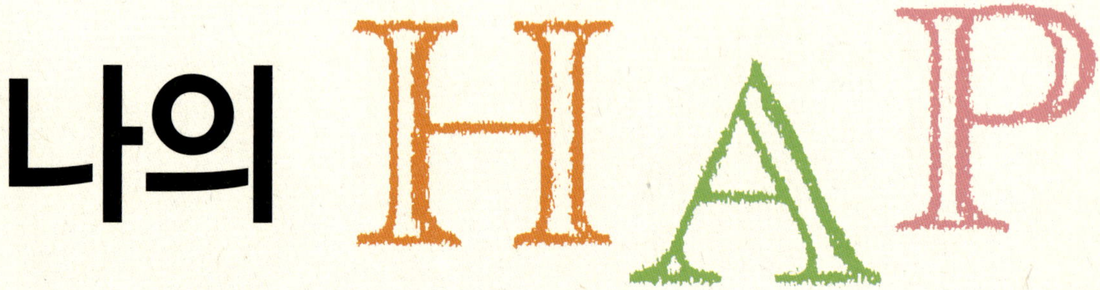

CASE
02

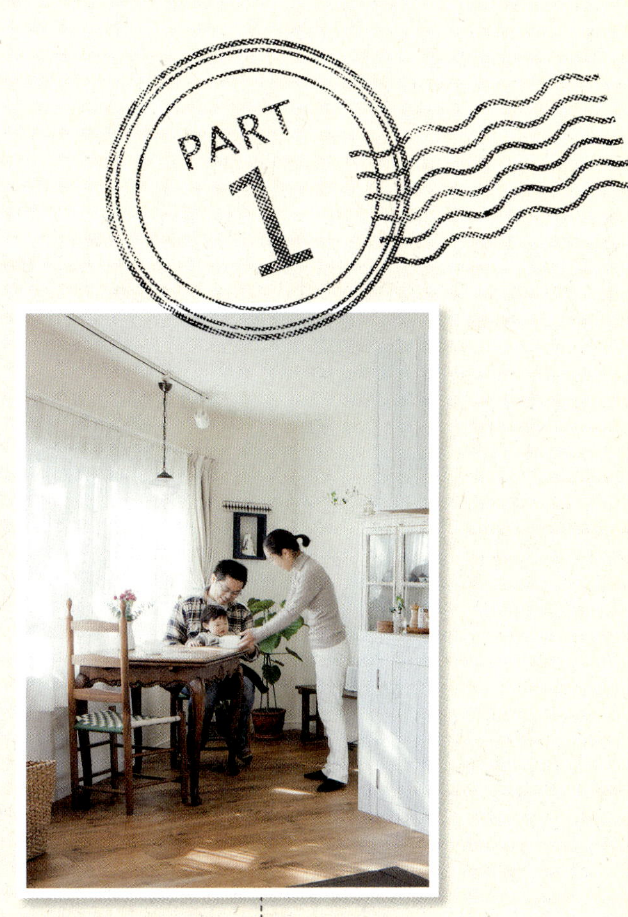

CASE
01

나는 이렇게 집을
'카페 스타일'로
만들었다

꿈꾸던 마이 홈에서 실현한
PY 카페 라이프

CASE 01

● 도쿄 도 K 씨(38세, 아내, 아이 1명)

전원풍 키친에서 가족을 위해 요리하는 즐거움

집안 깊은 곳에 숨겨진 듯 있었던 벽이 달린 독립된 스타일의 키친.

After

KITCHEN & DINING

예전에 영국의 시골을 여행했을 때 오래된 민가와 티 룸의 따스한 분위기에 완전히 매료된 부인이 그 때부터 가슴에 품어오던 이미지를 바탕으로 K 씨 부부는 지은 지 38년 된 맨션을 구입해서 리폼을 하기로 했습니다.

집의 구조는 거실·주방을 키친과 합치고 거실 옆에 있는 서양식 방의 벽도 허물어 거실·주방·키친에 합치기로 했습니다. 그 중심에 집의 '얼굴'인 세미오픈 키친을 만들었습니다. 카운터와 위쪽의 선반을 주방 쪽으로 내서 흰색으로 칠한 판자가 정겨운 전원풍의 느낌을 주고 있습니다. 카페에서 일을 한 경험이 있는 부인은 오랫동안 가슴에 품어오던 키친을 갖게 되자 요리하는 즐거움이 한층 커졌다고 합니다. 또 "케이크를 만들거나 요리를 하는 것이 너무 즐거워서" 가족은 물론이고 친구들을 초대해서 홈 파티를 열어 요리 솜씨를 발휘하기도 합니다.

또 주방의 서랍장이나 거실 문과 같은 집안 곳곳을 앤티크로 장식해서 따스함이 느껴지는 공간을 완성했습니다. 휑하던 테라스에는 나무를 깔아 기분 좋은 루프 테라스로 만들었습니다. 두 부부는 "가족이 쉴 수 있는 공간이 늘어났습니다."라며 기뻐했습니다.

Cafe Style Point

대화를 나누기 좋은 카운터 키친

I형 키친은 동선(건축물의 안과 밖에서, 사람이나 물건이 이동하는 자취나 방향을 나타내는 선)도 짧고 양면 수납으로 기능성도 뛰어나다. 세미오픈으로 거실과 주방에 있는 사람과 이야기를 나눌 수 있고 요리에도 집중할 수 있다.

키친 카운터에 케이크 스탠드 등을 놓아두고 카페풍으로 연출.

시간과 정성을 들여 커피를 내리는 것이 K 씨만의 방식.

머핀처럼 가족이 먹는 과자는 홈메이드.

앤티크 컵으로 즐기는 티타임.

담는 방법과 사용하는 그릇에 따라 과일도
예술로 변한다.

카페 라이프를 즐기기 위해서는 사용하기 편리한 것이 좋다는 아내의 요청으로 키친 수납은 오픈 타입으로 만들었다.

부인이 '나의 기지'라고 부르는 쿡탑. 조리에 집중할 수 있도록 키친의 안쪽에 배치했다. 부인은 "요리 아이디어가 절로 샘솟는다."며 좋아했다.

KITCHEN

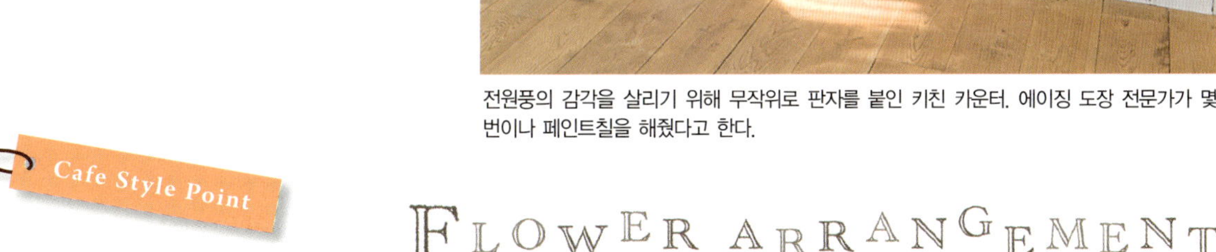

전원풍의 감각을 살리기 위해 무작위로 판자를 붙인 키친 카운터. 에이징 도장 전문가가 몇 번이나 페인트칠을 해줬다고 한다.

FLOWER ARRANGEMENT

화초를 이용한 카페 분위기 연출

(오른쪽) 손님을 접대할 때에는 빨간색 꽃으로 약간의 화려함을 주고 꽃병 대신 도자기 피처를 사용한다.

(가운데) 손님이 쓰는 세면대에는 공간을 많이 차지하지 않도록 작은 꽃 한두 송이를 꽂아둔다.

(왼쪽 위) 캐비닛 위에는 장미 드라이플라워와 함께 작은 유리병에 녹색의 식물을 놓아둔다.

(왼쪽 아래) 싱그러운 아이비와 등나무로 만든 함으로 편안하고 자연스런 분위기를 연출한다.

K 씨의
접대

직접 만든 요리로 카페 같은 분위기를

손님을 초대하면 손수 만든 요리로 대접합니다. 케이크나 음료를 만들 때 들인 정성은 분명 손님의 마음에도 전해진다고 생각하기 때문입니다. 여기에 분위기 연출도 빼놓을 수 없습니다. 손님이 각자 재료를 가지고 와서 파티를 할 때에도 테이블 위를 꽃으로 장식하거나 따뜻한 스프를 내오기도 합니다. 아주 사소한 연출이나 요리에 약간의 손길을 더하면 카페에 온 것처럼 서비스를 받는 기분이 들어 커뮤니케이션은 한층 즐거워집니다.

DINING

앤티크 가구와 좋아하는 물건을 놓아둔 회칠을 한 흰색 벽의 주방은 매일 가슴을 설레게 합니다

"분위기가 좋으면 더 맛있는 커피를 만들 수 있습니다."고 말하는 부인은 카페에서 일한 경험이 있어 커피를 내리는 솜씨도 전문가 못지않다.

부인이 수집한 파이어킹과 도자기로 장식한 앤티크 캐비닛. "수제품이나 오래된 물건에 애착이 간다."고 한다.

바닥에 깐 오크 무구재와 테이블과 의자는 색상을 맞춰서 놓아두었다. 주방의 안쪽은 미니벤치나 장식장으로 디스플레이로 활용.

흰색 칠을 한 벽과 오크 자재의 무구재 마루가 이어져 상쾌한 인상을 주는 복도. 복도 오른쪽은 세니타리(Sanitary), 왼쪽은 화장실로 이어진다.

Hallway

LIVING

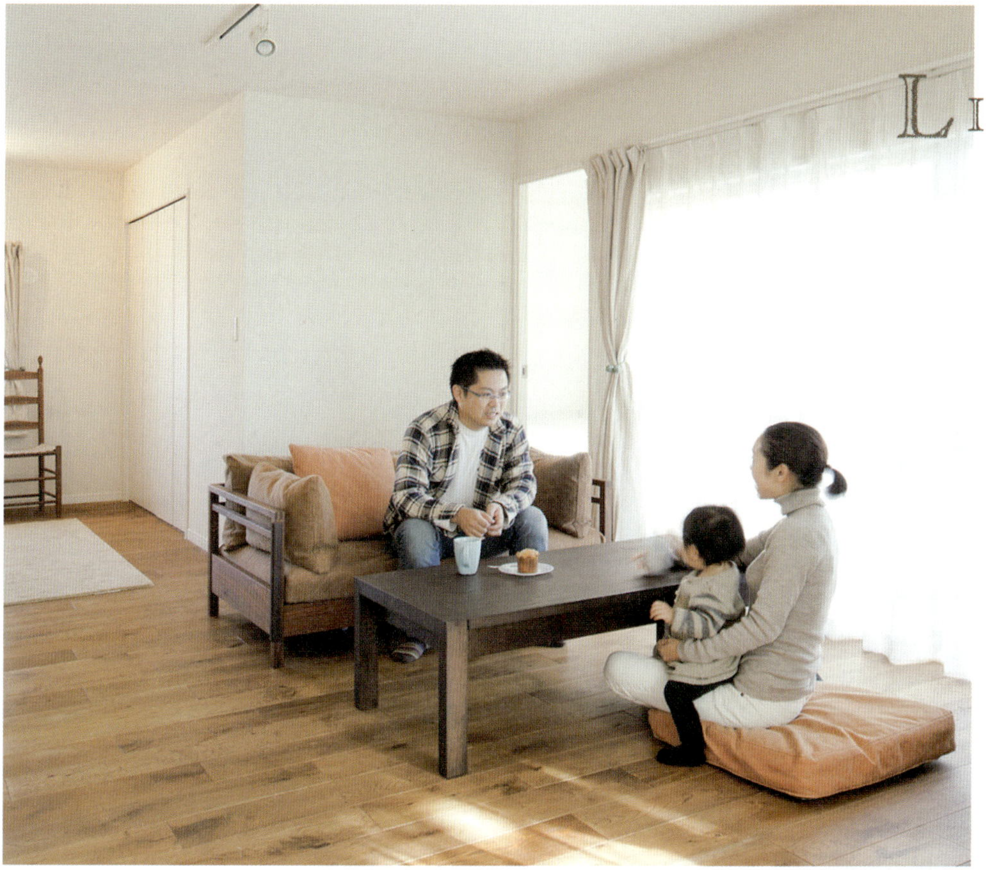

오크 무구재를 깐 기분 좋은 거실 코너의 마루.

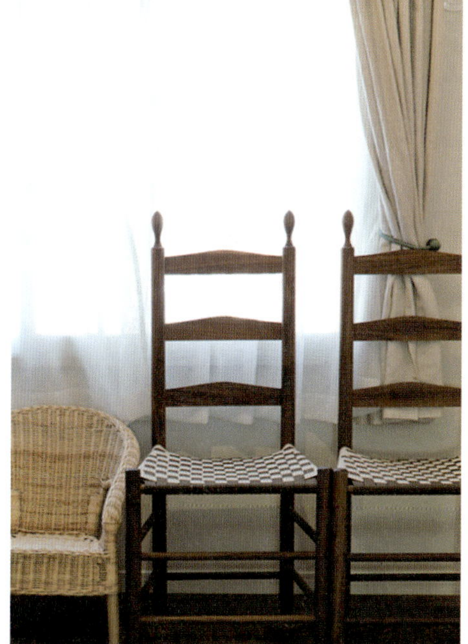

거실 안쪽에는 평소에 사용하지 않는 의자를 놓아 두고 인테리어로 활용.

현관에서 이어지는 하얀 복도를 지나면 푸른 하늘을 연상시키는 도어가 게스트나 가족을 따뜻하게 맞아준다.

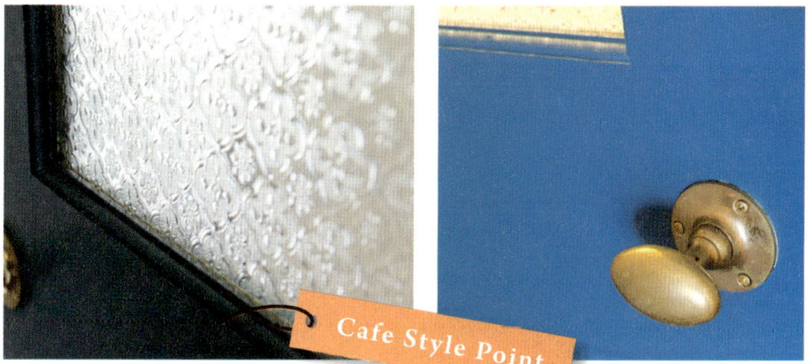

Cafe Style Point

거실 문은 작은 부분까지 세심한 배려를

(오른쪽 위) 매일 사용하는 것이어서 직접 가서 보고 골랐다는 놋쇠로 된 손잡이는 부인의 취향이다. (왼쪽 위) 섬세한 꽃무늬가 새겨진 유리. 앤티크풍 분위기가 마음에 들어 선택했다고 한다.

Before

After

휑하고 편히 쉴 수도 없었던 베란다와 같은 공간이었다.

거실과 수평으로 이어지는 루프 테라스
루프 테라스의 바닥은 나무 데크로 바꿨다. 거실과
수평으로 오갈 수 있도록 만들어서 출입하기 편하
고 의자를 놓아두면 노천카페로 변신한다.

SANITARY

세면화장대는 키친 카운터와 똑같이 모자이크
타일로 만든 오리지널 디자인이다. 수도는 온
기를 느낄 수 있는 앤티크를 선택했다.

세면실에는 안창을 달아 카페 같은 분위기로

(오른쪽) 복도 쪽으로 설치한 세면실의 채광창. 유리는 부인이 직접 골랐다.

(가운데) 창틀을 이용해서 복도 쪽에는 나무 열매나 잡화로 장식했다. 부인의 손님을 위한 세심한 배려.

(왼쪽) 세니타리 쪽은 금속의 수건걸이를 달아 복고풍으로 연출.

DATA / PLAN

공사비 내역

키친	1,800만 원
거실 · 주방	1,500만 원
세면실	500만 원
화장실	200만 원
욕실	1,000만 원
현관	500만 원
침실 · 서재	1,300만 원
아이 방	600만 원
복도 · 창고	500만 원
데크	150만 원
해체 공사비 · 폐기물 처리비	400만 원
기타경비	400만 원
합계	**8,850만 원**

＊ 시공비, 설치비, 내장재, 설비기기 등 포함

Data

- 주거 형태 : 맨션(연식 38년)
- 리폼 면적 : 약 86.06㎡(데크 13.57㎡ 포함)
- 리폼 부분 : 키친, 주방, 거실, 세면실, 화장실, 욕실, 현관, 침실 · 서재, 아이 방, 복도, 창고, 데크
- 설비기기 : 시스템키친, 세면실 – 수전, 화장실 – 변기, 욕실 – 시스템 욕조
- 완성 연도 : 2011년 9월(공사기간 약 60일)
- 설계 : 공간사

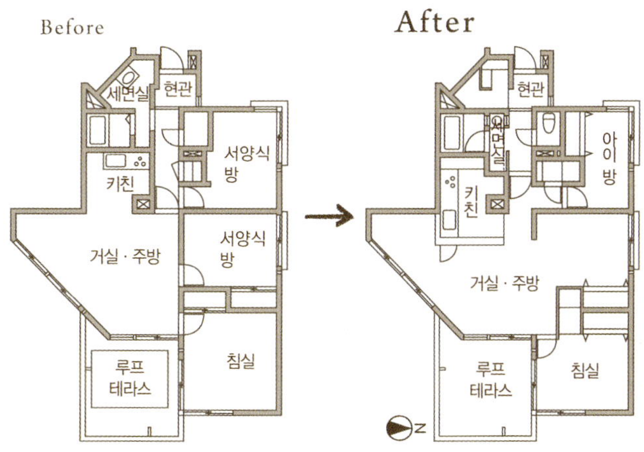

CASE 02

● 도쿄 도 H 씨(34세, 아내)

꿈에 그리던 키친에서 정성스런 요리를 만드는 주말을 기다리는 즐거움

\ 잠깐의 휴식 /

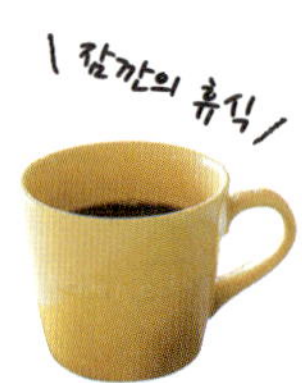

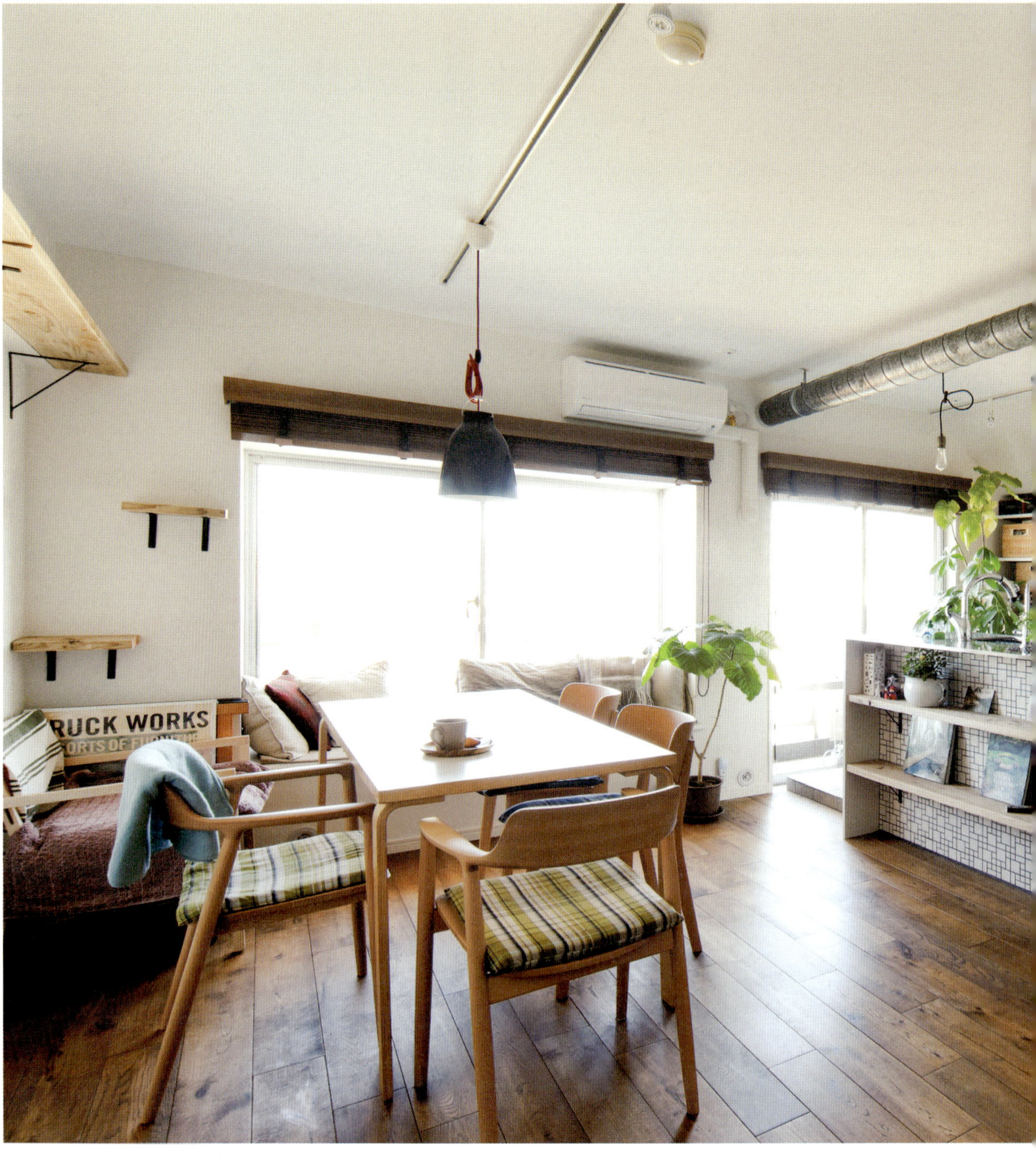

　24년 연식의 중고 맨션을 구입한 H 씨의 리폼은 '키친을 주거의 중심'으로 한다는 방향성이 명확했습니다. 두 사람 모두 미식가로 지금까지 전셋집 키친에서 불편하게 생활해왔던 만큼 부부의 심정은 너무 간절했습니다.

　먼저 세로 방향으로 길었던 거실과 주방을 정사각형에 가까운 공간으로 만들고 전면이 개방된 아일랜드풍 키친으로 만들었습니다. 디자인을 맡은 아내가 이미지한 모델은 '영화『카모메 식당』에 나온 나무와 흰색을 기본으로 한 심플한 북유럽풍의 카페'였습니다.

　한편 설비를 맡은 남편은 '궁극적으로 디자인보다 기능성'을 중시해서 독일제 식기세척기와 일본제 수전의 기능성을 직접 조사해보고 골랐습니다. 이렇게 모두 주문제작해서 완성한 이상적인 키친에서 두 사람은 주말마다 요리를 만들어서 영화를 보면서 즐기고 있다고 합니다. 남편은 "이런 스타일로 보내는 주말이 다른 무엇보다 즐거워서 외식은 전혀 하지 않습니다."라고 할 정도입니다.

　또 자신이 직접 대만까지 차를 사러 간다는 부인은 좋아하는 인테리어로 디스플레이한 거실과 주방에서 멋진 티타임을 즐깁니다. 그중에서도 부인이 가장 마음에 들어 하는 것은 마음이 차분해지는 색상과 질감과 기분 좋은 촉감의 오크 자재로 만든 마루입니다. 고양이 두 마리도 마음에 드는지 마루에서 뒹굴며 노는 것을 좋아한다고 합니다.

　코스트다운을 겸해서 직접 거실의 벽을 페인트로 칠하고 침실 선반을 만드는 등 DIY에도 적극적인 H 씨는 리폼으로 자신들의 라이프스타일에 맞는 집을 완성했으니 앞으로도 상황에 맞게 손질을 하면서 생활하겠다고 말합니다.

KITCHEN & DINING

완전 개방형으로 즐거워진 요리와 대화
키친은 방의 위치를 바꿔서 I자의 독립형에서 전면 개방의 아일랜드형으로 변신. 일을 하면서 테이블 의자에 앉은 사람과 자연스럽게 대화를 나눌 수 있다.

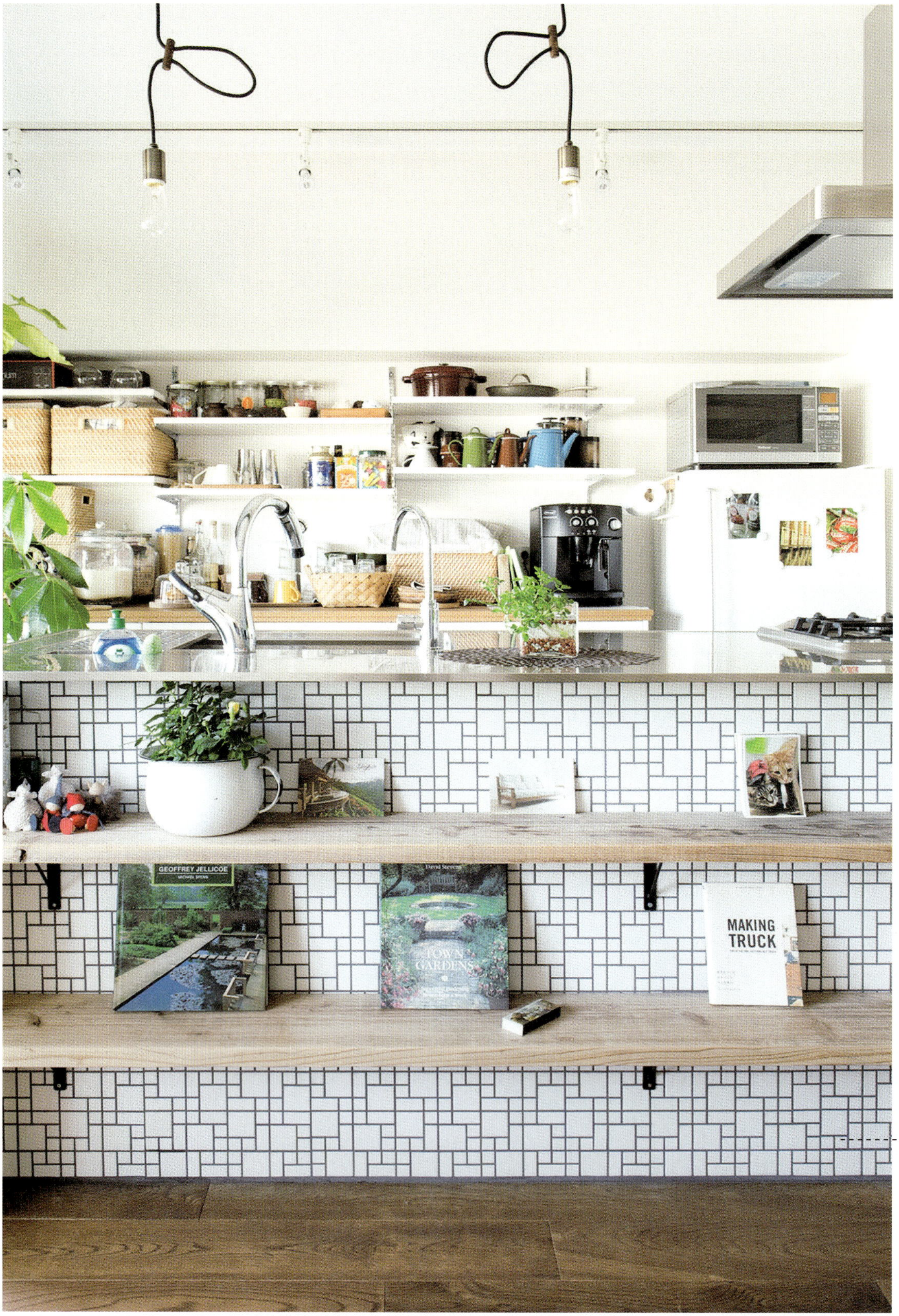
GEOFFREY JELLICOE
MICHAEL SPENS
David Stevens
TOWN GARDENS
MAKING TRUCK

유리용기에 쌀을 보관하면 보이더라도 위화감이 들지 않는다. 식재료나 음식도 용기나 두는 방법 하나에 따라 인테리어와 같은 장식으로 변신한다.

심플한 자연 소재의 바구니는 키친의 오픈 선반에서 대활약. 평소에 사용하는 유리컵으로 사용하기 쉽고 세련되게 정리한다.

KITCHEN & DINING

눈에 띄는 곳인 만큼 선반을 세련되게 사용한다

아일랜드 주방 쪽에는 장식용 선반을 달았다. 손님이 자신도 모르게 손으로 집고 싶어지는 책이나 카드를 관상식물과 함께 여유롭게 진열했다.

아침에 금방 구운 마드레느는 유리 용기에 넣어둔다. 음식을 볼 수 있는 키친웨어로 카페 분위기를 연출한다.

After　Before

문은 전부 열 수 있었지만 천장이 낮고 공간감도
없던 방.

KITCHEN

미닫이문과 천장을 없애고 완전 개방형 키친으로
만들었다. 맞춤 제작한 아일랜드는 폭 246×깊이
90cm. 사람이 몇 명 들어와도 여유 있게 일할 수
있는 크기

키친의 벽면 수납은 기성
제품으로 제작. 거실 마
루와 똑같이 오크 합판을
붙여서 만들었다.

Before

거실 · 주방과 키친이 긴 세로로 이어지는 구조. 찬장이 압박감의 원인.

엄선한 소재로 인상적인 질감을 표현

(오른쪽) 무구재를 깐 거실 마루에 비해 키친은 물에 젖어도 미끄러지지 않도록 가공한 타일을 깔았다. 키친을 옮기고 배관 때문에 생긴 턱이 키친과 거실 · 주방을 완만하게 구분하고 있다. (왼쪽) 아일랜드의 주방 쪽은 개성적인 지오메트릭 패턴의 300각 타일을 붙였다. 선반 판자에 고재(古材) 발판을 맞췄다.

After

LIVING

거실 · 주방에는 고재 선반으로 캣 워크를 만들었다. 특히 흰색의 벽은 구조적으로 제거할 수 없는 들보가 있어서 판자를 붙여서 들보를 보이지 않게 했다.

원플레이트와 허브의 배색으로 카페 분위기 연출

부부 모두 먹는 것을 너무 좋아해서 이전에는 자주 외식을 했습니다. 카페나 레스토랑은 요리와 테이블 세팅에 대한 아이디어를 얻는 장소입니다. 가령 커피와 작은 과자를 낼 때에는 받침접시보다 약간 큰 나무 접시를 이용하고 머그컵과 과자를 함께 얹으면 카페 분위기를 낼 수 있습니다. 베란다에서 허브를 키우기 때문에 조금 따서 장식으로 이용하기도 합니다.

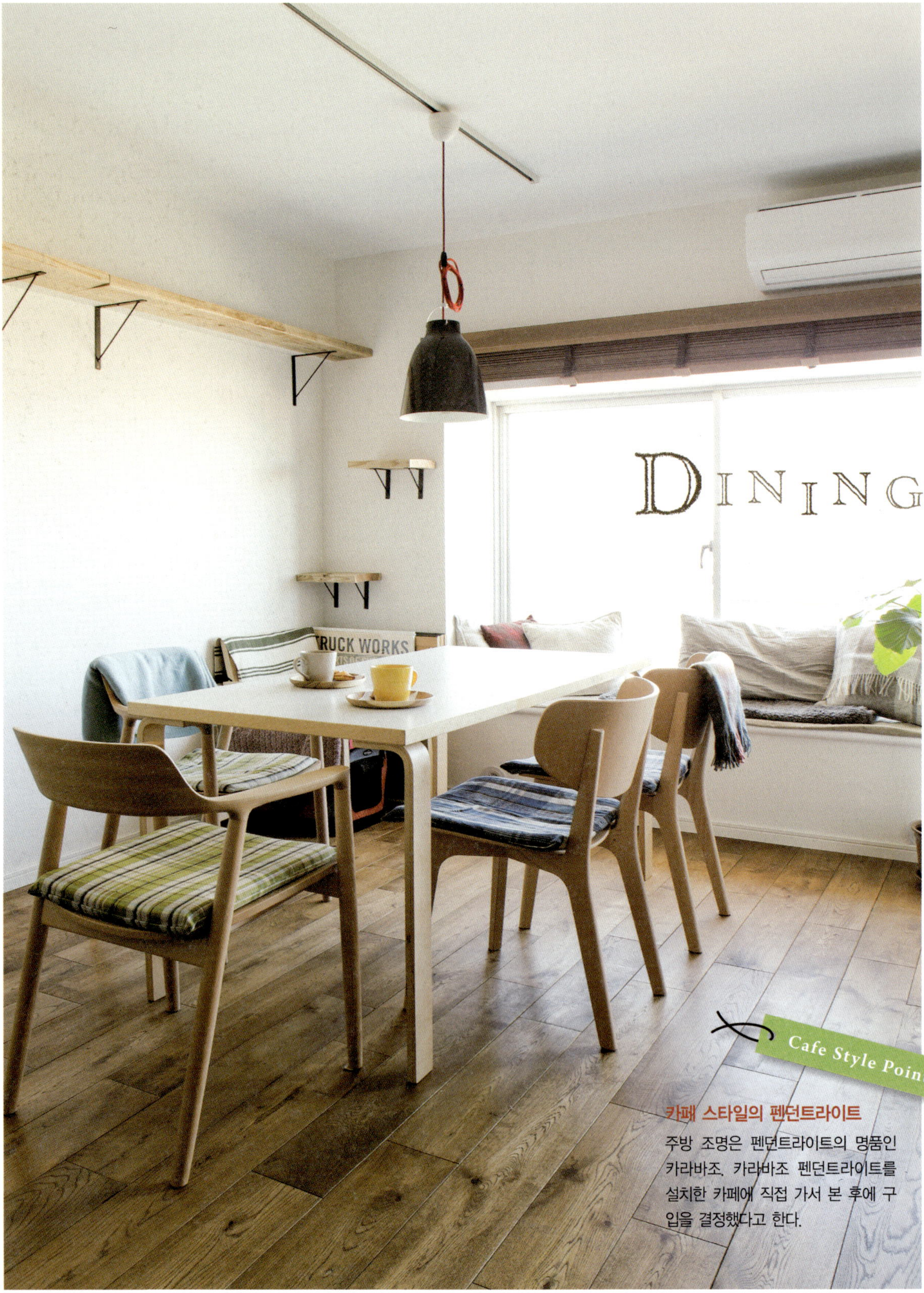

DINING

Cafe Style Point

카페 스타일의 펜던트라이트

주방 조명은 펜던트라이트의 명품인 카라바조. 카라바조 펜던트라이트를 설치한 카페에 직접 가서 본 후에 구입을 결정했다고 한다.

마치 영화에 나오는 카페처럼 심플하고
따스함이 묻어나는 북유럽풍의 인테리어

한층 편안함을 느끼게 하는 아이템을 겸비

(오른쪽) 추운 계절에는 카페처럼 의자 등받이에 모포를 걸어둔
다. 보기에도 따스함을 느낄 수 있는 인테리어 중 하나.
(왼쪽) 기존에 있던 벤치풍의 출창(出窓)에는 부인이 좋아하는
쿠션을 많이 놓아둔다. 색상을 통일하지 않은 커버가 포인트.
(아래쪽) 출창 쪽 카운터는 흰색 시트를 붙이고 패브릭을 깔아
서 벤치풍으로 완성. 이곳에 앉아서 야경을 감상하며 편안한 한
때를 보낸다.

BEDROOM

Cafe Style Point

대형 수납공간으로 방을 깔끔하게

보이고 싶지 않은 것을 통째로 넣을 수 있는 '워크 인 클로젯(Walk-in Closet)'을 본래 키친이 있던 장소에 만들었다. 충분한 수납량 덕분에 방이 깔끔해졌다.

침실 입구는 문을 달지 않고 블라인드로 가렸다. 고재 판자로 만든 벽의 선반은 캣워크를 참고로 만든 남편의 DIY 작품.

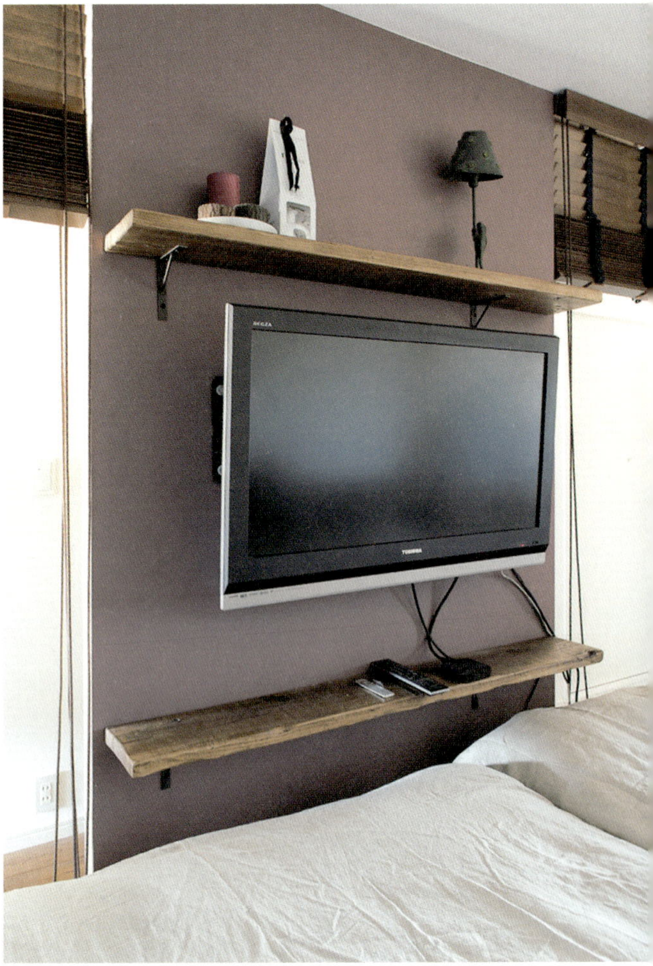

SANITARY

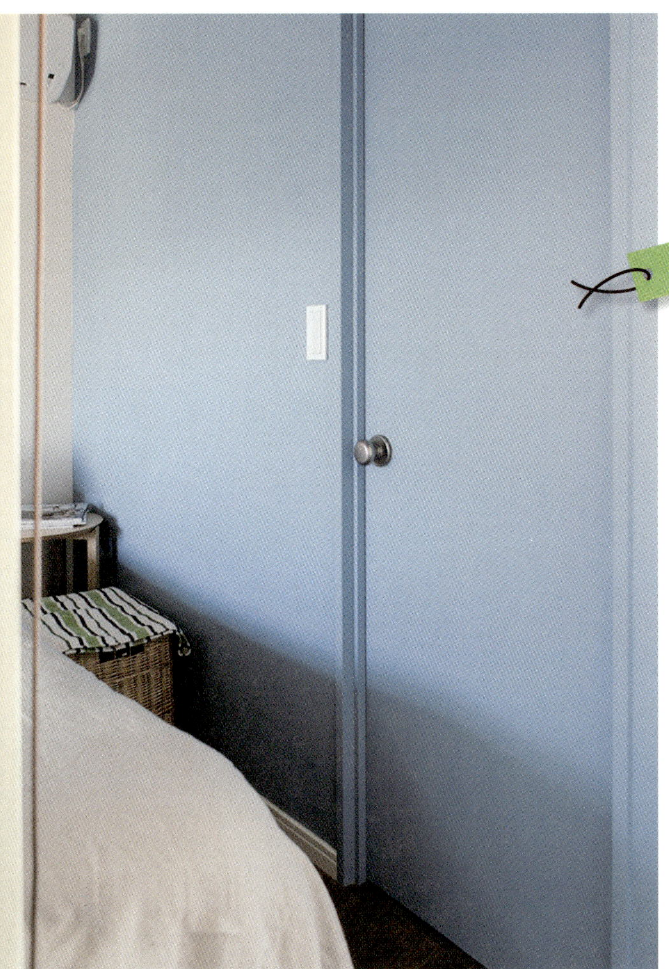

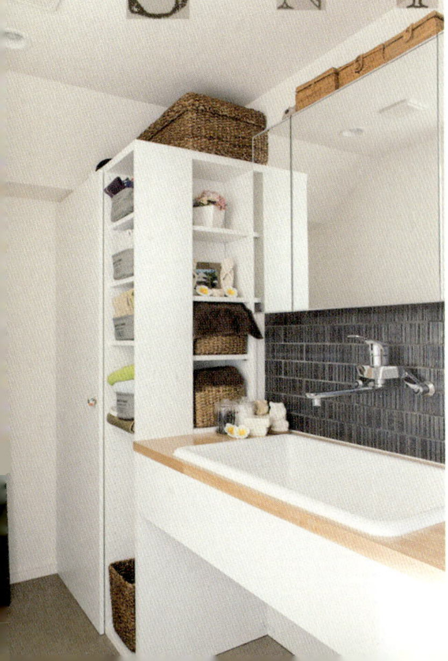

세면화장대는 위치를 바꾸지 않고 기능성을 중시해서 심플한 디자인의 큰 세면기를 갖춘 세면대를 새로 만들었다. 옆에 있는 수납도 시제품을 공간에 어울리도록 가공했다.

실제로 생활을 해보니 침실을 비롯한 모든 것이
주인의 라이프스타일에 딱 맞는다는 것을 실감하고 있다

침실은 베드를 놓을 수 있을 만큼 최소한의 공간으로 했다. 아침 햇살을
받기 위해 현관 홀 방향에 유리를 이용한 칸막이를 설치했다.

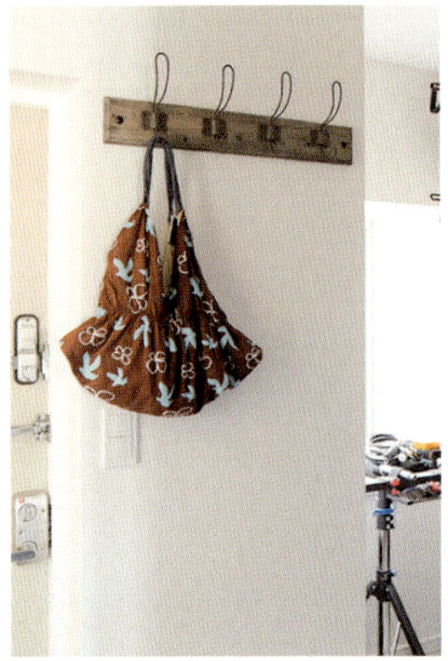

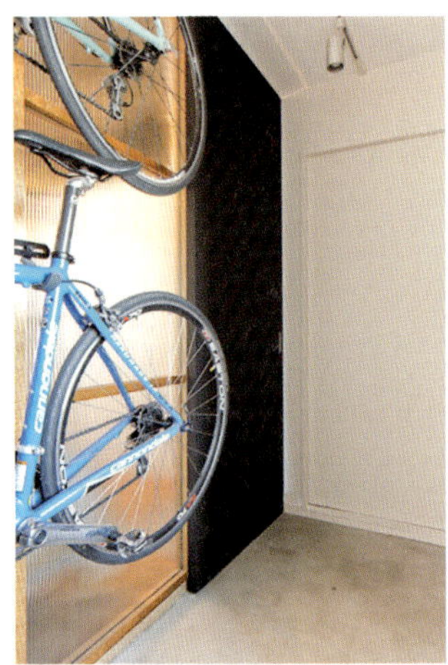

(오른쪽) 중앙에 있는 크고 검은 미닫이문으로 토방 스페이스의 현관홀과 실내를 구분했다. 칠판 도료로 칠해서 독특한 색감과 질감으로 개성적으로 마감했다.
(왼쪽) 옷걸이는 손님을 맞이하는 중요한 아이템. 소재를 고재와 금속으로 정하고 직접 골랐다고 한다.

ENTRANCE

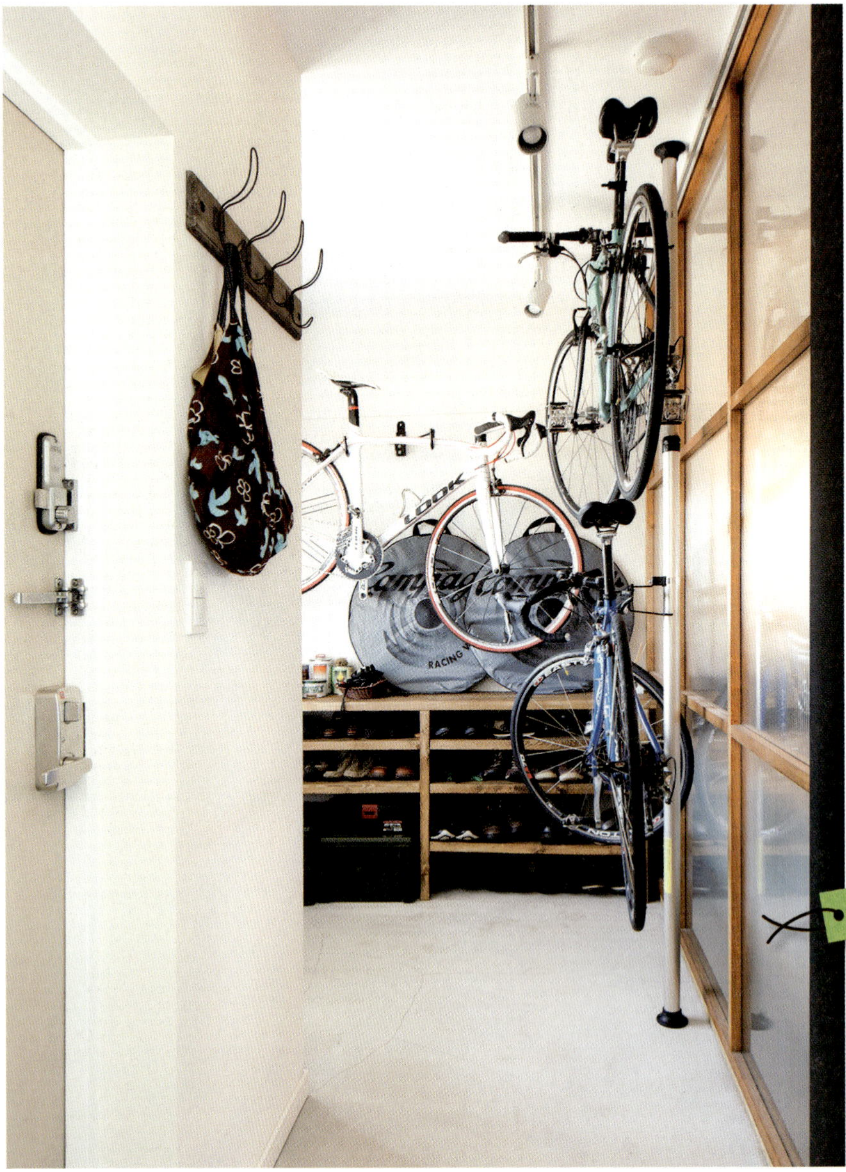

Cafe Style Point

외부와 실내를 자연스럽게 이어주는 토방 스페이스

본래 현관 옆에 있던 서양식 방의 일부를 현관과 합쳐서 외부와 실내를 잇는 '완충지대'인 토방 스페이스를 만들었다.

복도에 설치한 2개의 브래킷 라이트. 불이 들어오면 대롱불기 유리의 갓이 천장에 아름다운 빛의 무늬를 아로새긴다.

긴 복도는 예전의 모습을 그대로 살려서 연출

복도에는 손을 많이 대지 않고 주방과 거실 입구에 있는 문을 없애고 외등 조명을 가미했다. 카페로 유혹하는 분위기로 연출했다.

DATA / PLAN

공사비 내역

키친	1,700만 원
거실 · 주방	1,800만 원
세면실	400만 원
화장실	150만 원
욕실	700만 원
토방현관	400만 원
침실	800만 원
복도	300만 원
W.I.C(work-in closet)	200만 원
서재 · 수납 창고	500만 원
합계	**6,950만 원**

＊시공비, 설치비, 내장재, 설비기기, 해체 · 처리비 제 경비 포함
＊거실 · 주방 · 키친의 조명 기구, 거실 · 주방과 침실의 블라인드는 별도

Data

- 주거 형태 : 맨션(연식 24년)
- 리폼 면적 : 약 65㎡
- 리폼 부분 : 점면 리폼(키친, 주방, 거실, 세면실, 화장실, 욕실, 토방현관, 침실, 복도, W.I.C, 서재 · 수납창고)
- 설비기기 : 키친-주문 키친, 가스레인지, 레인지후드, 수전, 정수기, 식기세척기, 세면실 – 세면기, 수전, 화장실 – 변기, 욕실 – 시스템욕조
- 완성 연도 : 2012년 5월(공사기간 약 45일)
- 설계 : 공간사

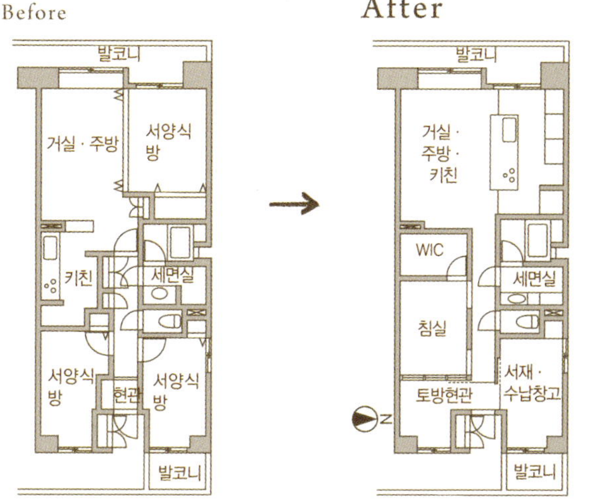

CASE 03

● 도쿄 도 K 씨(32세, 아내, 아이 1명)

빈티지 가구가 어울리는 거실·주방·키친에서 '홈 카페' 생활의 탐미

벽이 딸린 I형 키친은 자신
들의 이미지에 어울리지 않
았다.

DINING & KITCHEN

K 씨 부부는 31년 된 맨션을 구입해서 '편안한 카페 같은 분위기'를 만들기 위해 리폼을 시작했습니다. 가장 많이 달라진 점은 천장을 콘크리트로 마감해서 개방적으로 만든 것과 거실·주방·거실의 벽에 나무판재를 붙여서 개성적인 연출한 것입니다. 콘크리트와 나무 소재가 지닌 독특한 분위기가 부부가 좋아하는 빈티지 가구와 어울려 미드 센트리(Mid-century) 같은 분위기가 돋보입니다.

여기에 벽을 향했던 I자형 키친은 대면식으로 변경하고, 요리를 좋아하는 남편이 '카페 주방' 같은 키친을 원해서 타일과 스테인리스 소재의 철판 등의 디테일한 부분까지 신경을 써서 만들었다고 합니다. 이렇게 완성된 카페 같은 키친에서 남편은 종종 직접 요리를 해서 손님에게 대접한다고 합니다. 또 서로 잘 아는 친구들을 초대해서 홈 파티를 열곤 하는데 모두 마음이 편한지 식사하는 도중에 웃음꽃이 끊이질 않는다고 자랑을 합니다.

커피를 좋아하는 부인은 마음에 드는 가구나 디스플레이를 바라보기도 하고 가족과 이야기를 하면서 커피를 내리는 것이 하루의 일과가 되었다고 합니다. 부부는 이렇게 좋아하는 물건들에 둘러싸여 지내는 생활을 만끽하고 있습니다.

질감을 살린 내장으로 한층 개성적인으로 공간을 연출
고재 선반은 페인트와 흠집을 그대로 살리고 벽재로 이용했다. 콘크리트가 그대로 드러난 천장과 분위기가 어울려 풍미 있는 공간을 창조하였다.

커피를 내리지 않으면 하루를 시작할 수 없다는 부인. 아침에 가장 먼저 하는 일이 거실과 주방을 조망할 수 있는 대면식 키친에서 원두를 가는 일이라고 한다.

(왼쪽) 드립식 포트 등 커피를 내리는 도구는 카운터 위에 놓아둔
다. 사용하기 편하고 바라보아도 즐거운 카페 주방과 같은 코너.
(오른쪽) 평소 사용하는 조미료 등은 등나무 상자에 넣고 패브릭으
로 덮는다. 카페나 음식점에서 볼 수 있는 연출을 인용했다.

DINING & KITCHEN

콤팩트한 U자형이어서 가사 동선도 좋다

키친은 작업 효율을 고려해서 U자형으로 레이아웃. 식재료나 조리
기구를 꺼내기 쉽도록 개방형 수납문은 패브릭으로 했다.

디스플레이는 자신이 좋아하는 것으로 통일

예전 집에서는 장식 선반을 만들 수 없어서 슬펐다는 부인의 앤티크 물건으로 장식한 디스플레이 코너. 종류나 크기가 다른 물건을 놓아두어도 오랜 역사를 지닌 앤티크는 신기하게도 조화를 이룬다.

DISPLAY & GREEN

녹색은 아무리 작아도 힐링 효과가 크다. 실제로 관상식물이나 작은 화분을 놓아두면 카페의 창가에서 볼 수 있는 효과를 연출할 수 있다.

눈에 띄면 자신도 모르게 사게 된다는 앤티크 유리병. 부인은 소박한 유리병은 빈티지 분위기 연출에 빼놓을 수 없다고 한다.

다양한 종류와 형태의 물건을 조화롭게 장식했다. 부인은 아무리 가치가 있는 물건이라도 진열하지 않고 서랍 속에서 잠자고 있으면 빛을 잃어버리게 된다고 한다.

독특한 색상과 형태가 마음에 든다는 앤티크 오브제. 약간 큰 아이템은 벽에 세워서 벽화가 연상되도록 연출했다.

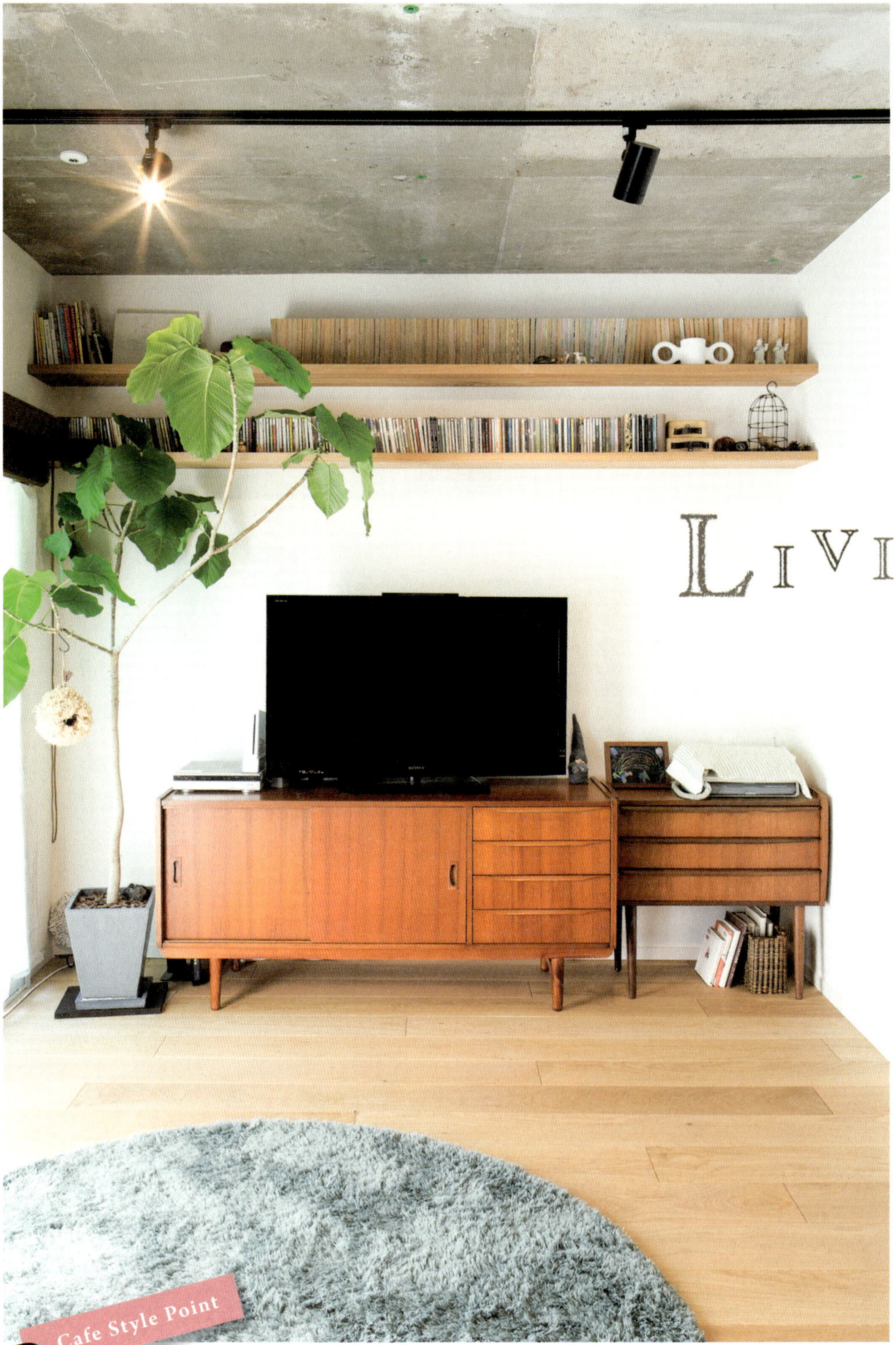

LIVING

Cafe Style Point

스포트라이트로 핀포인트 연출

콘크리트 천장에 조명용 레일을 달고 스포트라이트를 설치했다.
디스플레이에 조명을 비추면서 방의 연출을 즐기고 있다.

LIVING & DINING

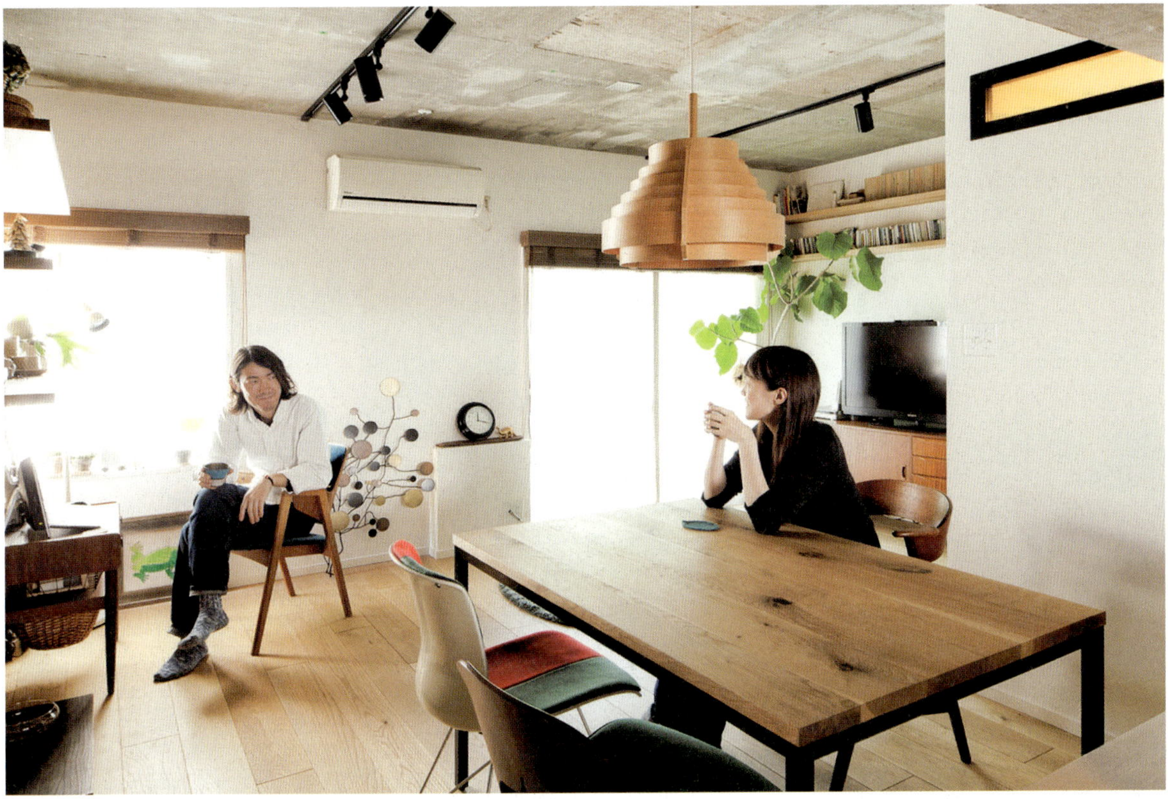

오크의 무구재로 된 마루에는 보일러를 설치하고, 벽은 습도를 조절하는 규조토로 마무리했다. 홈 파티를 할 때 마루에 앉아서 할 때도 있다.

K 씨의 접대

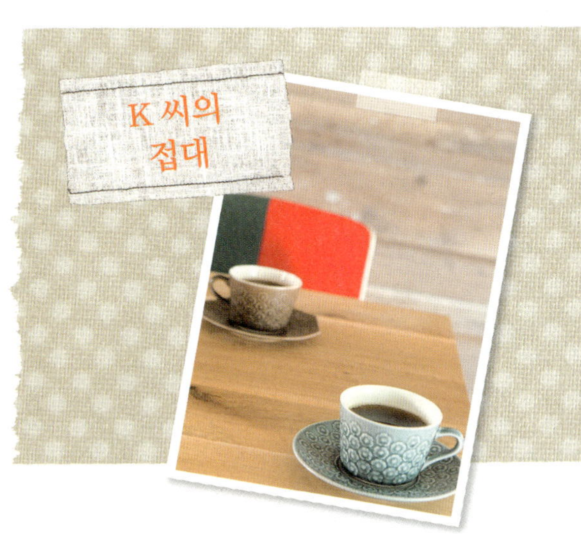

자랑하고 싶은 컵과 요리로 대접한다

저희들이 할 수 있는 가장 큰 접대는 저희가 가장 좋아하는 앤티크 컵으로 손님에게 커피나 홍차를 대접하는 일입니다. 특히 북유럽 지역의 컵은 문양이 아름답고 차분한 느낌이 나서 좋아합니다. 실제로 사용해보지 않으면 알 수 없을 만큼……. 또 하나의 접대는 바로 카페와 같은 집 분위기. 친구들은 여기서 마시는 커피는 돌아가는 것도 잊게 할 만큼 유달리 맛있다고 합니다. 그런 말을 들으면 너무 기쁩니다.

Parts

스위치 플레이트도 방의 취향에 맞춰서 선택.
미국식 심플한 디자인이 포인트.

안창을 통한 빛의 연출과 은은한 분위기 조성

거실과 주방과 키친의 조명을 세면실로 끌어들이기 위해
안창을 설치했다. 창틀을 아이언풍 블랙으로 칠해서 벽면
에 변화를 줬다.

Door

문에 끼운 유리는 기포가 들어간 복고풍 분위기.
기포는 영하의 날씨에 대비.

거실 문의 소재에도 세심한 신경을

부인은 문틀을 좋아하는 색으로 칠할 생각
이라고 한다.

세니터리의 분위기 조성은 수건이나 거울처럼 사용하는
아이템의 질감을 고려하여 선택하고 그 질감을 음미한다.

규조토로 칠한 벽의 한쪽 면에 차분한 색조의 모자이크 타일을 붙여서 복고풍 분위기를 연출했다. 바닥은 나무 문양의 바닥 타일을 깔았다.

BEDROOM

규조토를 손으로 직접 칠한 흔적이 느껴지는 침실의 벽. 시공할 때 가족이 핸드프린팅을 한 것이 인상적이다.

Cafe Style Point

바닥재를 깔 때 변화를 줘서 풍부한 표정을 부여

바닥재가 가지고 있는 질감이나 배열 방법에 따라 각각 다른 분위기를 주기 위해 침실 바닥의 무구재는 헤링본 모양으로 깔았다.

아이 방은 벽지로 변화를 준다

아이의 방은 지금까지와는 취향을 달리해서 벽의 한쪽 면에 파란 벽지를 붙여 푸른 하늘 이미지로 했다. 하얀 벽은 규조토로 마무리해서 습도를 조절.

아이 방의 바닥은 오크 무구재를 사용해서 쪽매 세공을 한 것 같은 플로어 패킷(floor parket)으로 마감했다. 해먹은 아이의 놀이기구 겸 부인이 낮잠을 잘 때 사용한다고 한다.

DATA / PLAN

공사비 내역

합계 ···································· **10,500만 원**

＊가설 · 해체공사, 목공 · 내부제작공사, 건구공사, 내장마감공사,
　집기설비, 설비공사, 데크 공사, 바닥 난방공사 등 포함

Data

- 주거 형태 : 맨션(연식 31년)
- 리폼 면적 : 약 53㎡
- 리폼 부분 : 키친, 주방, 거실, 세면실, 화장실, 욕실, 현관, 아이 방, 복도, 데크
- 설비기기 : 키친 – 싱크, 가스레인지, 레인지후드, 세면실 – 세면기, 수전, 화장실 – 변기, 욕실 – 시스템욕조
- 완성 연도 : 2012년 7월(공사기간 약 75일)
- 설계 : 스타일공방

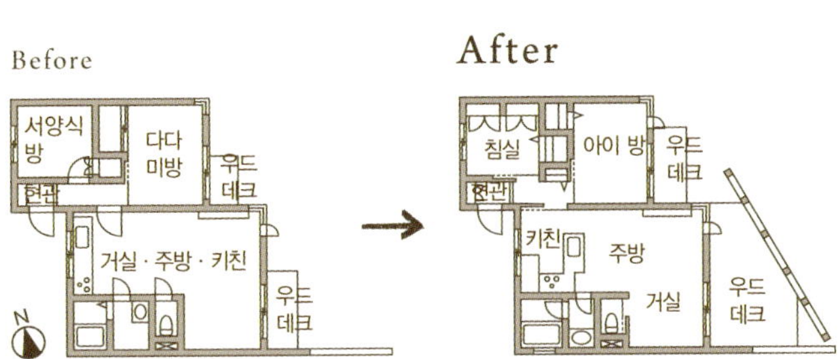

CASE 04

● 도쿄 도 K 씨(34세, 아내)

들보와 기둥이 보이는 높고 넓은 공간과 손으로 지은 듯 옛 정취가 어린 집에서 느끼는 편안함

D I N I N G &
L I V I N G

지은 지 38년 된 단독주택을 자신들이 원하는 대로 리폼하려고 마음먹은 K 씨 부부. 1층 키친을 2층으로 옮기고 2층은 칸막이와 천장을 없애서 밝고 바람이 잘 통하는 일체형 거실 · 주방 · 키친으로 만들었습니다. 또 자신이 가지고 있는 앤티크 가구와 잘 어울리는 공간을 만들기 위해 내장을 살린 복고풍 분위기를 원한 부인은 바닥을 오크 무구재를 고재풍으로 마감하고 벽은 부부가 DIY로 회칠을 하기로 했습니다.

부부는 "부모님도 도와주셨는데 작업이 진행되고 집이 저희들의 생각하던 모습에 가까워지는 것을 보고 너무 기뻤습니다."라고 당시를 떠올렸습니다.

들보나 기둥을 조망할 수 있는 천장이 트인 2층은 직접 작업을 한 만큼 온기가 가득한 내장들과 어울려 일본풍 카페를 연상시키는 전통미가 배어나옵니다. 카페 순례가 취미였던 아내는 지금은 집에서 커피나 녹차, 우롱차와 같은 다양한 차를 즐기는 '카페 라이프'를 만끽하고 있다고 합니다.

또 고풍스러움이 묻어나는 나무를 깐 마룻바닥에는 앤티크 가구가 여유롭게 놓여 있고 부인이 장식한 화초들도 디스플레이 되어 있습니다.

"이 집에는 들판에 핀 소박한 화초가 어울리는 듯합니다. 이 차분함이 묻어나는 공간이 너무 좋습니다."라고 말하는 부인의 얼굴에는 환한 웃음이 피어납니다. 또 두 사람은 집안에 있으면 마치 옛날로 돌아간 것처럼 따스함과 안도감이 느껴져서 차분해진다고도 합니다.

앞으로의 즐거움은 2층의 원룸에서 계절마다 변하는 햇빛을 느끼며 가장 좋아하는 '티타임'을 둘이서 오붓하게 즐기는 일이라고 합니다.

칸막이를 없애고 넓은 공간을 실현

구조적으로 없앨 수 있는 벽은 모두 헐고 가로 방향의 널찍한 공간을 확보했다. 원룸이어서 2층의 안쪽까지 햇빛이 들어온다.

예전 방에 만들었던 옷장은 앤티크 가구에 맞춰서 문을 버터밀크 페인트로 직접 칠했다. 부인은 칠한 자국이 보이는 것이 오히려 고풍스러운 느낌을 준다고 한다.

(위) 소화(昭和) 초기에 잠시 음식을 넣어 두던 '찬장'도 거실 인테리어로 재사용.
(아래) 골동품에 심은 녹색의 화초가 주변에 청량감을 준다.

DINING & KITCHEN

단독주택 2층만이 가진 특성을 살린 천정

천정을 트고 지붕의 들보와 기둥을 노출시킨 다이내믹한 공간.
들보나 기둥에는 에이징 도장을 해서 옛 정취를 살렸다.

Before　　　After

세 개의 작은 방으로 나눠져 있던 2층의
방은 어둡고 폐쇄적인 인상이었다.

KITCHEN

친정에서 사용하던 소화 시대의 책장을
찬장으로 재활용했다. 옛날 물건은 소재
가 좋기 때문인지 세월이 지나도 변형되
지 않는다고 한다.

세 개의 방 중에 반 평이었던 방은 키친으로 다시 태어났다.
주방 테이블과의 동선을 고려해서 대면식으로 배치.

키친의 벽에는 여러 가지 조리 기구
를 걸어서 수납. 마치 아트처럼 정연
하게 정돈되어 있다. 무엇이 어디에
있는지 한눈에 알 수 있어서 편리하
다고 한다.

Cafe Style Point

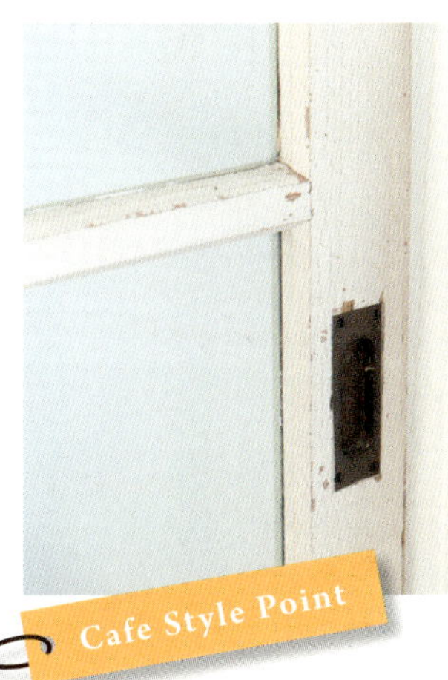

오래된 물건을 특성을 살려서

폐교된 교실의 문을 당시의 풍취를 남기면서 직접 칠한 거실 문. 놋쇠로 된 문고리는 특성을 살려서 그대로 사용했다.

KITCHEN

중국이나 한국 등의 해외에서 산 오래된 다기류는 유리가 달린 가구에 장식해서 보이도록 수납했다. 일상용품에서 옛날 물건은 미술품으로서의 가치도 있다.

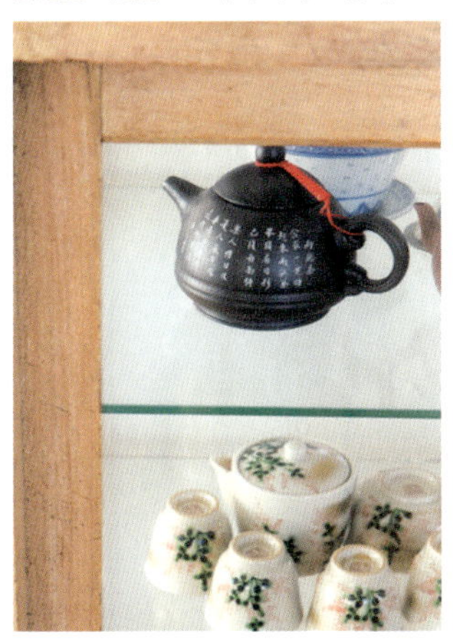

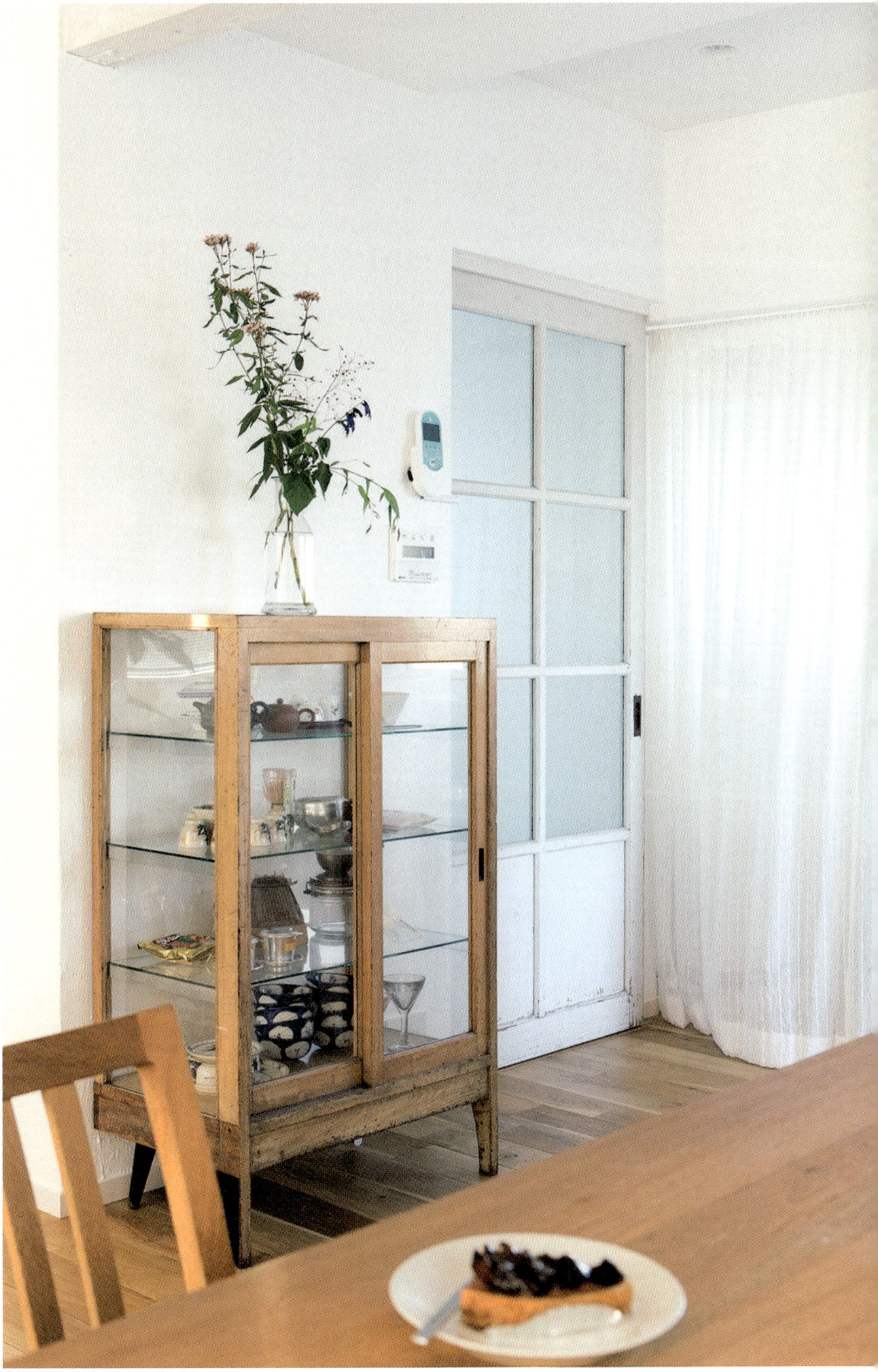

주방에 놓아둔 앤티크 디스플레이 가구. 부인은 옛날 집에서 자란 탓인지 오래된 물건에서 편안함을 느낀다고 한다.

호두나무로 만든 주방 테이블은 색과 촉감이 마음에 들어서 오랫동안 앉아 있어도 질리지 않아서 부부가 좋아하는 장소에 두었다.

조화 속에 혼돈을 고려한 디스플레이

오래된 카메라나 액자를 사용한 코너 연출. 다른 종류의 아이템을 혼합해서 장식하면 의외로 잘 어울리는 경우가 많다고 한다.

SK CORNER

오래 사용해서 깊은 풍미가 느껴지는 책상도 앤티크를 장식하는 디스플레이 코너에 놓아두었다. 남편의 악기도 인테리어로 활용했다.

하얀색 벽과 무구재의 나뭇결이 마음을 치유해주고 푸근한 해먹에서 평안한 한때를 보내기도 한다

차를 마시는 시간을 소중히 보내며 일상생활에 활력을

커피나 홍차는 물론이고 일본차, 우롱차, 차이(인도식 홍차)와 같은 다양한 차로 티타임을 즐깁니다. 그날의 과자나 디저트 종류에 맞추거나 자신의 기분이나 건강을 고려하면서……. 이날은 베트남 다기로 홍차를 만들었습니다. 앤티크 가구나 잡화와 마찬가지로 티타임은 저희들에게 있어서 생활을 풍요롭게 해주는 소중한 요소입니다.

부부가 함께 키친에서 설거지를 하기도 한다. 가구나 조명은 기능
보다 디자인과 개성을 우선해서 고른다고 한다.

매일 사용하는 조명은 마음에 드는 것을 엄선

(왼쪽) 현관에 단 펜던트라이트는 원래 샹들리에의 일부였다고 한다.
(오른쪽) 전등의 갓을 조화로 장식한 오더메이드 조명. 디자인이 너무 귀엽다.
(아래) 예전의 정취가 남아 있는 반세기 이전의 놋쇠로 만든 스탠드라이트.

LIGHT

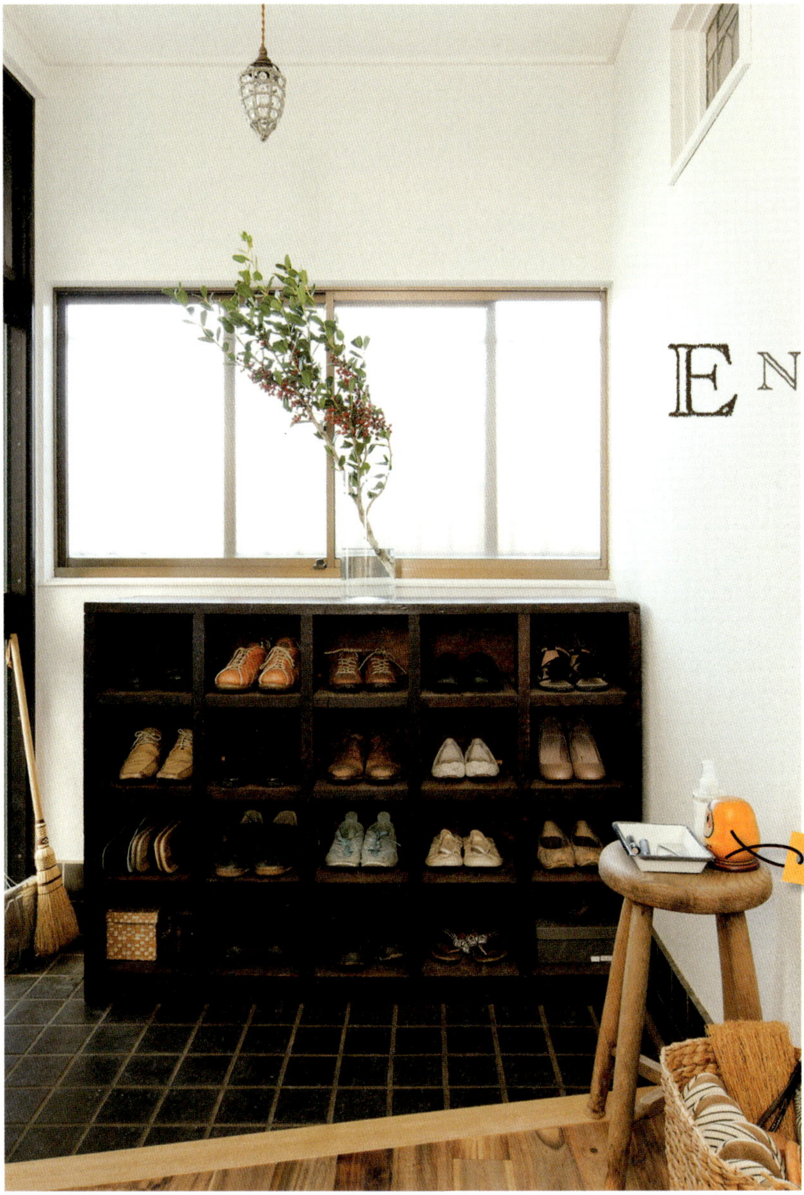

ENTRANCE

Cafe Style Point

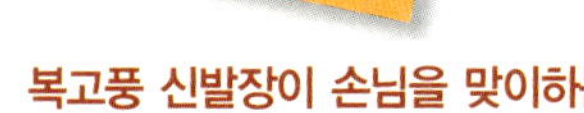

복고풍 신발장이 손님을 맞이하는 현관

현관에 딱 맞는 신발장을 발견하자마자 바로 구입했다고 한다. 소화 시대에 학교에서 사용하던 신발장을 문이 없는 신발장으로 활용.

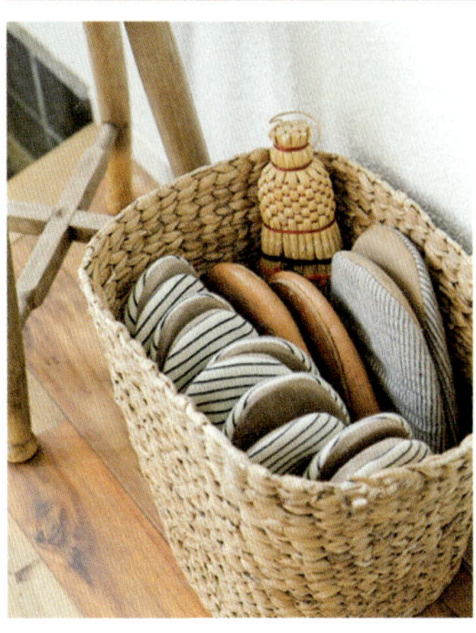

여기저기 따로 떨어져 있기 쉬운 슬리퍼는 바구니에 넣어서 깔끔하게 정리. 사용하지 않을 때에는 인테리어도 된다.

스탠드글라스로 채광을 겸한 공간 연출을

화장실 안창은 현관에서 조명을 끌어들이기 위해 만들었다. 앤티크 가게에서 산 아름다운 스탠드글라스를 끼웠다.

회칠을 한 하얀 벽이 화장실에 상쾌한 인상을 준다. 바닥은 나뭇결 문양의 타일을 깔아서 청소하기 쉽고 더러워지지 않도록 신경 썼다.

SANITARY

이탈리아제 세면기는 배수관을 벽에 붙여서 아래쪽을 깔끔하게 했다. 세면용품이나 수건은 소화 시대에 만들어진 양철 선반에 수납.

DATA / PLAN

공사비 내역

합계 ----------------------------------- **9,000만 원**

＊가설 · 해체공사, 목공 · 내부공사, 건구공사, 내장마감 공사, 집기설비, 설비공사, 내진구조보강공사, 외장 · 외부구조보수공사 등 포함

Data

- 주거 형태 : 단독주택(연식 38년)
- 리폼 면적 : 약 78㎡
- 리폼 부분 : 키친, 주방, 거실, 세면실, 화장실, 욕실, 현관, 침실, 예비실, 복도, 계단
- 설비기기 : 키친 – 시스템키친, 레인지후드, 세면실 – 세면화장대, 수전, 화장실 – 변기, 욕실 – 시스템욕조
- 완성 연도 : 2011년 11월(공사기간 약 60일)
- 설계 : 스타일공방

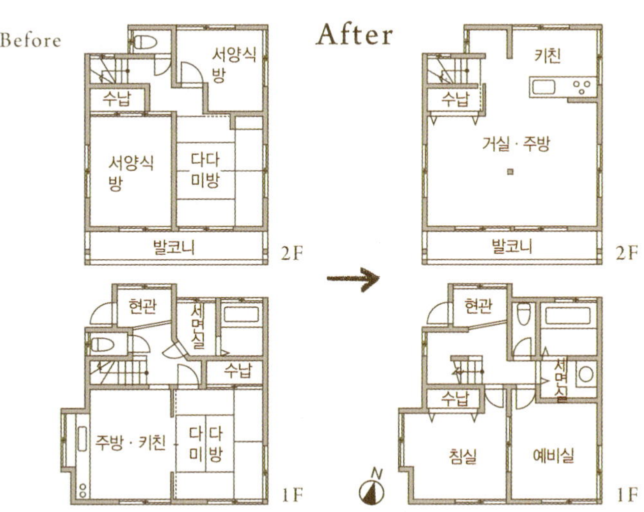

PART 1

CASE 05

● 도쿄 도 S 씨(30세, 아내)

함께 아일랜드 키친에 둘러앉아 즐기는 홈 파티

조명으로 힐링!

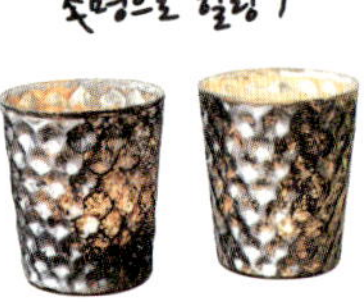

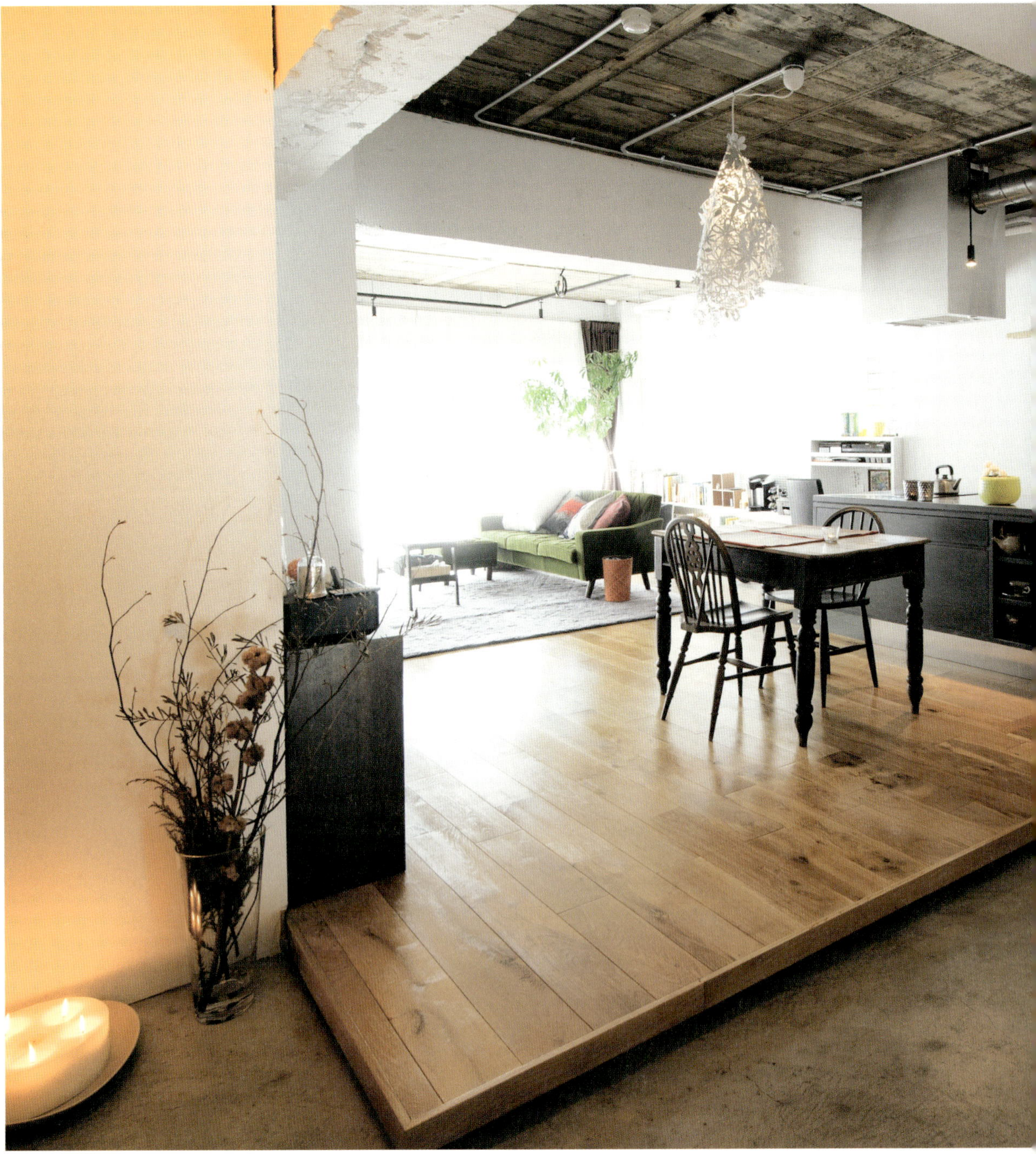

벽으로 막혀 있던 다다미방
이 시야를 방해하고 사용성
과 외관도 궁핍했다는 거실
과 주방.

After

"넓은 공간에서 여유롭게 쉬거나 시끌벅적 친구들과 즐거운 시간을 보내고 싶었습니다."

S 씨는 카페에서나 볼 수 있을 법한 장면을 머릿속에 그리면서 지은 지 40년이 넘은 집을 벽이 없는 완전 개방 공간으로 리폼을 했습니다.

현관에 들어서면 여유로운 토방이 보이고 그 앞에는 개방적인 일체형 거실·주방·키친이 반갑게 맞이하듯 펼쳐져 있습니다.

낮에 차를 마시거나 남편의 직장 동료들도 퇴근길에 가벼운 마음으로 함께 들러 술을 한잔하거나 저녁을 먹거나, 모두 스스럼없이 찾는다고 합니다. 부인이 음악이나 촛불로 손님을 맞이하고 그렇게 모두 함께 아일랜드 키친에 모여서 부인의 요리나 서빙을 도와주기도 합니다.

높은 천장과 벽을 활용한 디자인이 카페 같은 분위기를 빚어냅니다. 부인은 "콘크리트나 토방이 차가운 느낌이 들기도 해서 온기가 묻어나는 무구재 바닥과 앤티크 가구를 조화시켰다."고 합니다. 인테리어에 또 한 가지 신경을 쓴 부분이 공간인데 그때그때의 기분에 따라 다양한 장소에서 쉰다고 합니다.

주방 테이블이나 거실 소파, 토방의 의자 등 어느 곳에 있거나 어디를 둘러봐도 마음이 편안해지는 집을 완성했습니다.

많은 사람이 쉴 수 있는 완전히 개방된 공간으로

홈 파티를 즐길 수 있도록 현관에서 거실과 주방과 키친까지 완전 개방형 공간으로 만들었다. 천정을 터서 높이도 2미터 80센티로 높였다.

L D K

S 씨에게 카페와 같은 공간에 빼놓을 수 없는
요소가 음악과 식물.
(위) AV기기는 한곳에 모았다.
(아래) 현관에는 큰 나뭇가지와 청초한 꽃으로
장식했다.

토방 스페이스에 단을 만든 마룻바닥. 오
크의 무구재는 점포나 카페에서 많이 볼
수 있는 폭이 넓은 사이즈를 선택했다.

스켈톤의 천정은 도장을 하지 않고 나뭇결이 전사(轉寫)된 콘크리트를 그대로 살렸다. 꽃다발 같은 샹들리에를 달았다.

KITCHEN

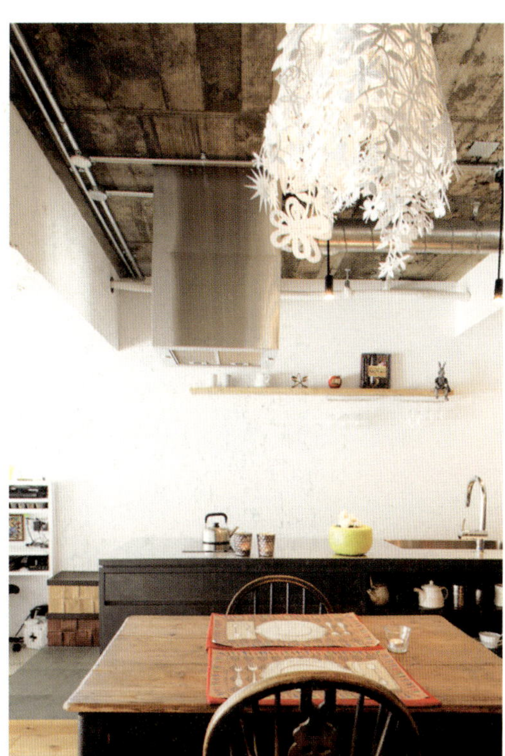

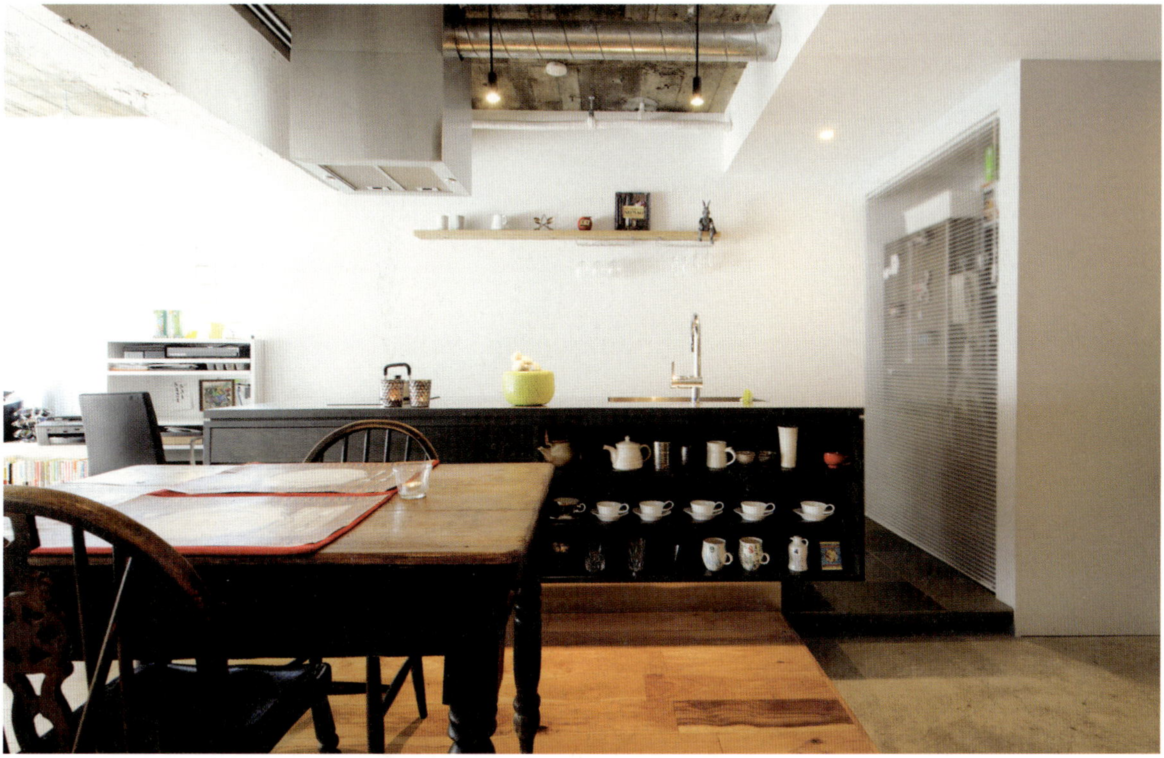

아일랜드 키친의 전면에 장식장을 설치하고 손님 접대에 사용하는 다기를 진열했다. 눈에 잘 띄는 안쪽의 벽면에는 수납 스페이스를 만들지 않아 깔끔한 인상을 준다.

KITCHEN

Before

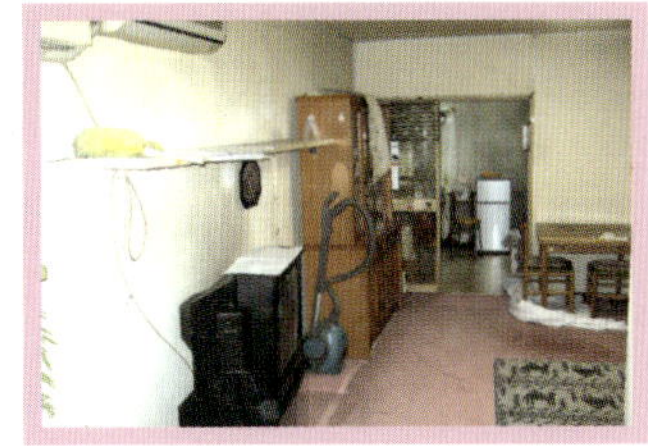

깊숙한 장소에 있었던 폐쇄적인 키친은 동선도 불편하고 대화를 나누기도 어렵다.

After

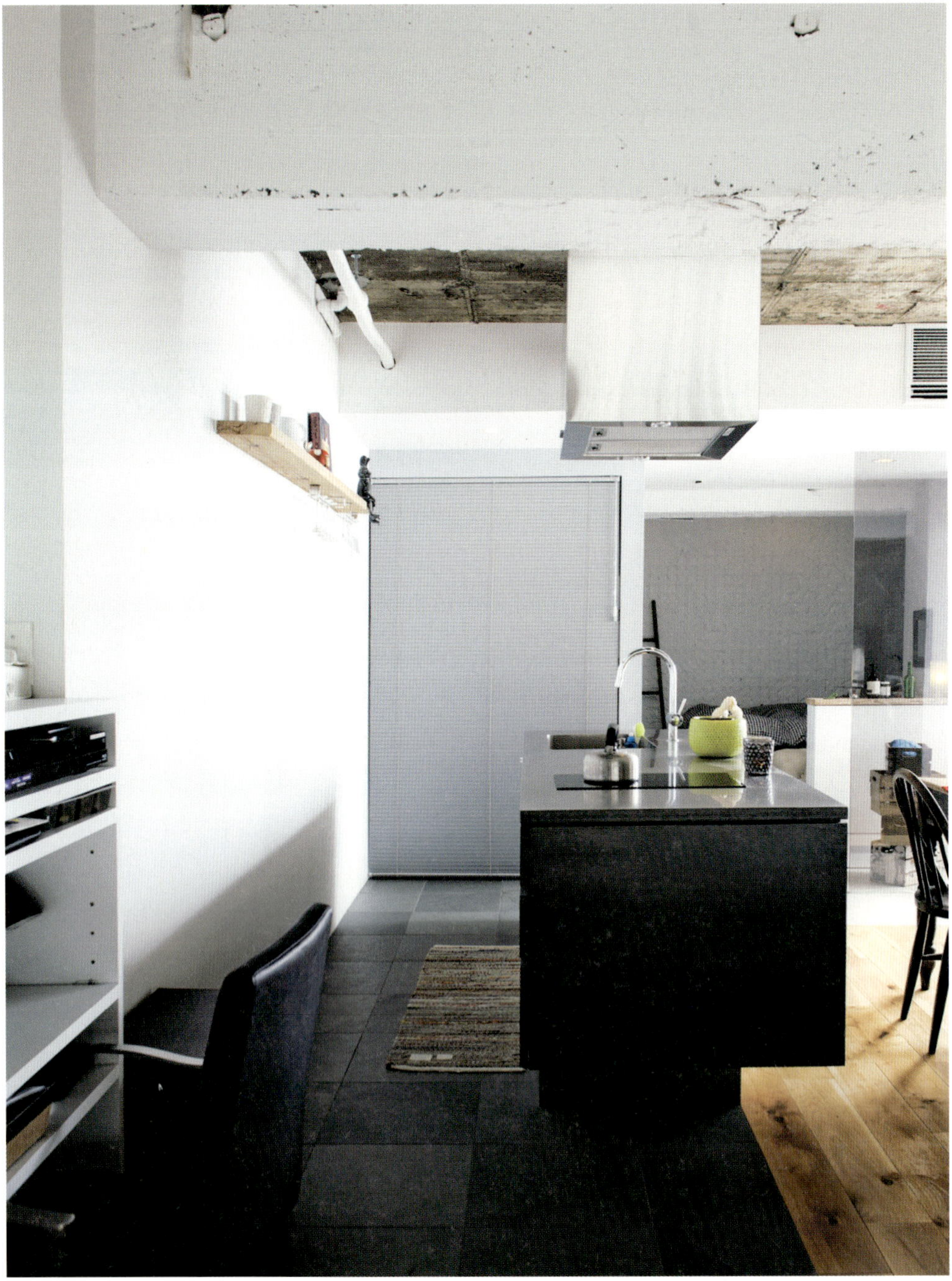

대접하는 사람이 키친 안쪽에 갇히지 않고 손님도 가벼운 마음으로 도울 수 있도록 전면 개방형 아일랜드 키친으로 만들었다. 안쪽에는 타일을 깔아서 거실 · 주방과 구분했다.

S T O R A G E

오픈 수납과 감추는 수납을 구분

(오른쪽) 냉장고나 식품 등을 모두 감추는 스페이스. 블라인드는 평소에는 열어둘 수 있어서 사용하기도 좋다. (위) 벽면의 장식장에 글라스 홀더를 두었다. 평소에 사용하는 와인 잔 등을 꺼내기도 쉽고 잘 보이도록 정리되어 있다.

촛불을 켜서 환영의 마음을 표시한다

촛불의 따뜻한 빛과 흔들리는 불빛을 좋아합니다. 저희만 있을 때는 물론이고 다른 사람을 집에 초대할 때에는 반드시 촛불을 켭니다. 현관, 테이블, 선반 등 시선이 머무는 곳에 놓아둡니다. 또 장소에 따라 작은 촛불 유리잔을 놓아두거나 약간 큰 그릇에 작은 촛불을 놓아둡니다. 어떻게 장식할까 이런저런 궁리를 하는 것도 재미있습니다.

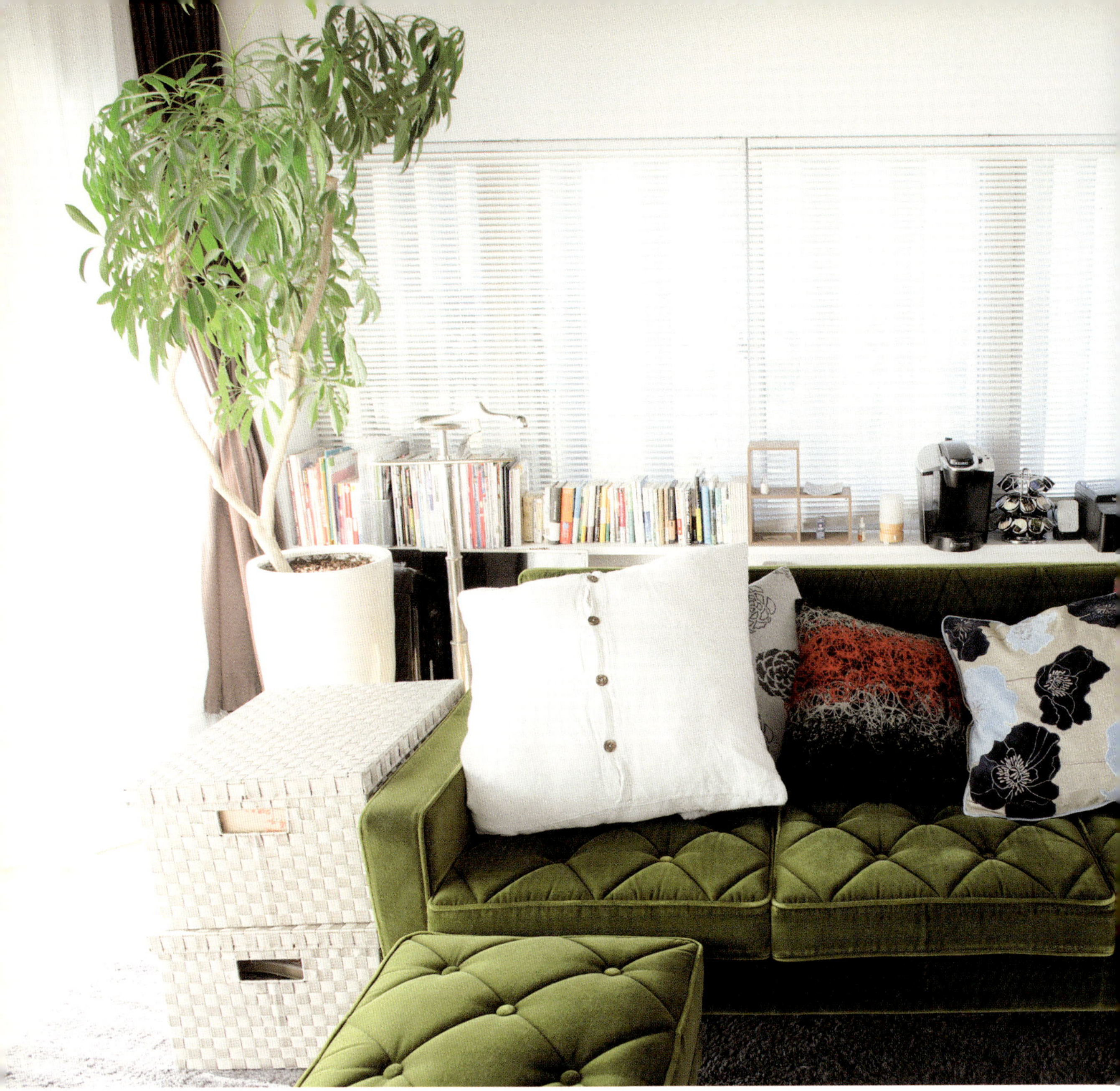

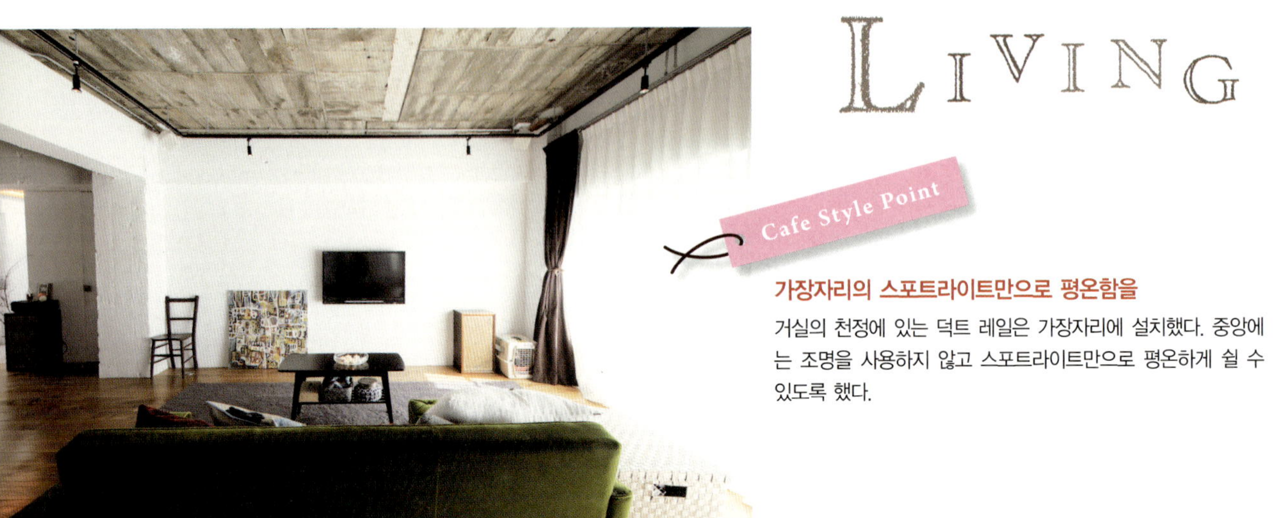

LIVING

Cafe Style Point

가장자리의 스포트라이트만으로 평온함을

거실의 천정에 있는 덕트 레일은 가장자리에 설치했다. 중앙에는 조명을 사용하지 않고 스포트라이트만으로 평온하게 쉴 수 있도록 했다.

소파는 가리모쿠 60의 로비 체어. 카페 스타일의
공간에 어울리는 것이 무엇인지 리폼을 담당한 디
자이너와 의논해서 골랐다.

WORK SPACE

남편의 작업 공간. 벽으로 막지 않
고 한쪽 구석에 배치했다. 이곳도
마루를 뜯어내고 모르타르 칠로
바꿨다. 책장과 컴퓨터 책상을 이
어서 코너를 장식했다.

Cafe Style Point

현관의 디스플레이는 적절한 균형감을

(왼쪽) 넓은 토방 스페이스는 손님을 여유롭게 맞을 수 있고 신발이 많아도 문제가 되지 않는다. 앤티크 의자는 착석감이 뛰어나다.
(오른쪽) 선반의 디스플레이는 카페 스타일로 너무 허전하거나 좁지 않도록 밸런스를 고려했다. 주로 미국에서 찾아낸 잡화나 책을 진열한다.

앤티크풍의 나무상자를 무작위로 쌓아올렸다. 겉모습이 보기 좋은 상자는 수납 인테리어가 된다.

HALL

두 개의 공간으로 나눠서 침실을 배치
토방 스페이스를 가운데 두고 공간을 둘로 나눴다. 카페 스타일로 지내는 거실·주방·키친과 침실이나 물을 사용하는 곳을 위화감 없이 배치했다. 유리 칸막이나 바닥의 높이로 조닝(zoning)했다.

BEDROOM

집안에 벽은 필요 없다
유리 너머의 개인 공간에서
차분하고 쾌적하게 쉰다

콤팩트한 세면 스페이스를 침실에 마련했다. 거실·주방·키친의
넓이를 우선하고 개인 공간은 최소한으로 했다.

SANITARY

손님이 사용하는 화장실도 보는 재미가 있는 공간으로

(오른쪽) 화장실에 들어가면 문의 안쪽에는 마스킹테이프를 랜덤
으로 붙인 좋아하는 카드가 있다 .
(왼쪽) 리폼으로 벽을 벗겨냈을 때 드러난 콘크리트의 윤곽을 살
려서 수성 도료로 칠했다. 의장(意匠)과 같은 인상을 준다.

DATA / PLAN

공사비 내역

합계 ---------------------------------- **7,350만 원**

＊시공비, 설치비, 내장재, 설비기기, 기존 내장 해체, 배전배관 교
　환 등 포함

Data

- 주거 형태 : 맨션(연식 46년)
- 리폼 면적 : 약 68㎡(데크 포함)
- 리폼 부분 : 풀 리폼(키친, 주방, 거실, 세면실, 화장실, 욕
　실, 현관, 침실, 데크)
- 설비기기 : 키친, 레인지후드, 수전, 세면실 – 세면기, 수
　전, 화장실 – 변기, 욕실 – 시스템욕조
- 완성 연도 : 2011년 12월(공사기간 약 45일)
- 설계 : 블루 스튜디오
- 프로듀스 : 리노베루

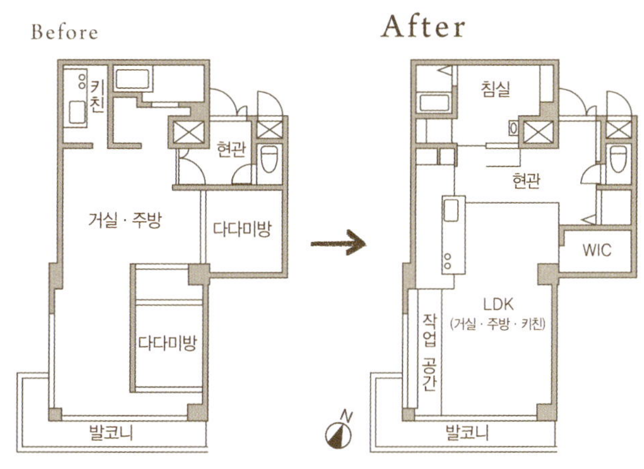

BOWLS cafe

카페 오너에게 배운 내장 & 인테리어 테크닉!

통일된 색과 소재 안에서의 언밸런스 효과. 완벽하게 갖추지 않는 것이 디스플레이의 매력

'누군가의 집에 있는 거실과 주방 같은 카페'를 테마로 오픈한 BOWLS cafe. 본래 점포용 공간이었지만 천정은 트고 바닥에는 일부러 흠집이 생기기 쉬운 삼나무 자재를 깔고 벽은 직접 규조토를 칠해서 정취 있는 공간을 완성했습니다.

테이블과 의자는 오너의 고향집과 자택에서 사용하던 것과 중고품같이 디자인이 다른 것들을 하나씩 모아서 배치했습니다. 여기에 가게가 그다지 넓지 않아서 식기류를 홀 안에 보이도록 수납하고 판매하는 잡화도 디스플레이의 일부로 활용하고 있습니다.

단순히 '놓여 있는 것'이 아니라 '장식되어 있는 것'처럼 느끼게 하는 비결에 대해 오너는 "테마인 색과 소재를 통일시키고 그 외의 것은 보이지 않게 할 것. 그 위에 일부러 높낮이를 달리해서 언밸런스하게 보이거나 어딘지 '빈틈이 있는 것처럼 보이게 만들고 장난기를 더하면 디스플레이다워집니다."라고 말합니다.

"때때로 솎아 내서 변화를 주기도 합니다. 저도 정기적으로 모든 좌석에 앉아서 가게 안을 둘러보며 체크하고 있습니다."라고 공간을 객관적으로 다시 관찰하는 기회가 중요하다고 말합니다.

식기는 대부분 무색투명한 유리나 흰색의 도자기로 통일하고 홀에 있는 선반에 진열해서 디스플레이 일부로 사용한다. 유리→도가→유리 같은 식으로 서로 다른 소재를 진열하는 것이 요령.

가게 안으로 들어오면 바로 잡화 판매 코너가 보인다. 바닥에서 천장까지 스페이스를 빈틈없이 활용했다.

우드 데크로 된 테라스의 좌석. 바람이 차가운 계절에는 의자에 따뜻한 모포를 준비한다.

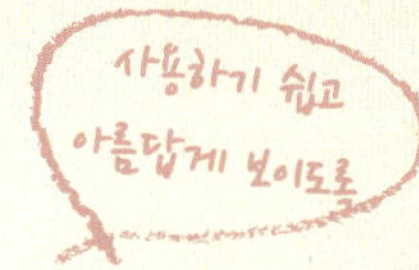

카운터 앞쪽을 오픈해서 주방의 모습
을 보여주는 오픈 키친.

같은 식기는 철제상자에 정리하면 선반이 좁더라도 넣
고 빼기 쉽다.

천이나 나무로 된 커트러리는 종류별로 정리해서 홀에
있는 선반에 둔다.

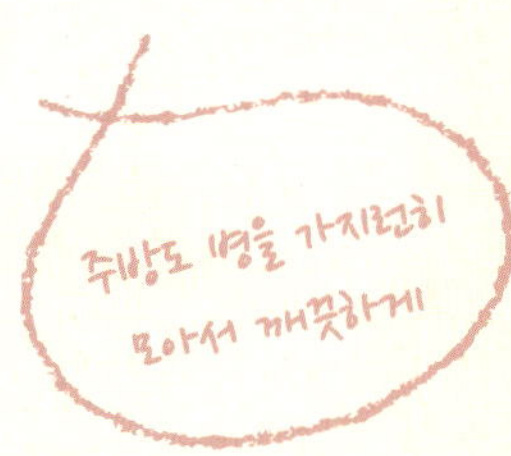

주방 안에서는 식재료나 작은
재료를 수납하기 위해 다 쓴
잼의 병을 활용한다

태풍이 지나간 다음 날 거리에 떨어져
있던 가지에 잡화로 장식했다.

한 명이라도 싫증을 내지 않고 시간을 보낼
수 있도록 사방에 다채로운 악센트를 느낄
수 있도록 디스플레이를 했다.

펜던트라이트도 자리에 따라
디자인이 다르다.

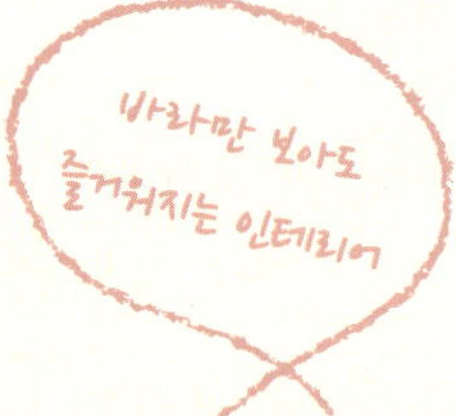

입구의 문의 글자는
스태프가 직접 손으
로 썼다. 휘갈겨 쓴
듯한 느낌이 좋다.

유목으로 만든 책상 위에 직접 가게 이름을 쓴
오래된 나무상자를 얹어 놓았다. 나무상자에 담
아놓은 물건에서도 온기가 느껴진다.

테이블과 의자는 나무를 베이스로 각각 디자인이 다른 것으로 마련 했다. 완벽하게 갖추는 것보다 온 기가 느껴지고 앉는 의자에 따라 새로움을 맛볼 수 있다.

커피의 받침 접시는 컵과 다른 소재 인 양철로 된 작은 접시를 사용해서 소박한 인상을 줬다.

집에서 만든 스콘의 살구잼 과 클로티드 크림은 잼과 크 림을 작은 용기에 넣어서 '그릇 on 그릇'.

커트러리는 헝겊으로 감 싸서 케이스에 넣어 테이 블에 놓아둔다.

Memo

오너는 가게의 컬러에 맞지 않는 것은 두지 않는 것이 철칙이라고 한다. 청소도구와 같이 위화감을 주는 필수품은 보이지 않는 장소에 둔다. 벤치의 아래가 바로 그런 감춰진 장소이다.

아이디어와 센스가 빛나는

나만의 '카페 홈'

카페 스타일에도 다양한 형태가 있습니다. 여기에서는 자신의 이상적인 공간을 실현하기 위한 방법을 찾기 위해 노력한 끝에 하나씩 그 꿈을 이룬 다섯 집을 소개합니다. 분위기를 연출하는 내장·인테리어 등의 실례도 보여주기 때문에 카페 스타일의 집을 만들기 위한 구체적인 이미지 아이템을 얻을 수 있을 것입니다.

CASE 01

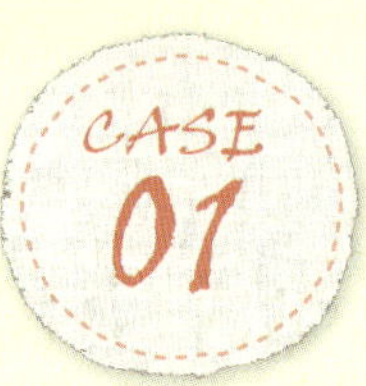

도쿄 도 S 씨(31세, 아내)

취향인 가구와 건구가 잘 어울리는 내장과 한가로이 쉴 수 있는 넓이를 실현한 거실 · 주방 공간

Living

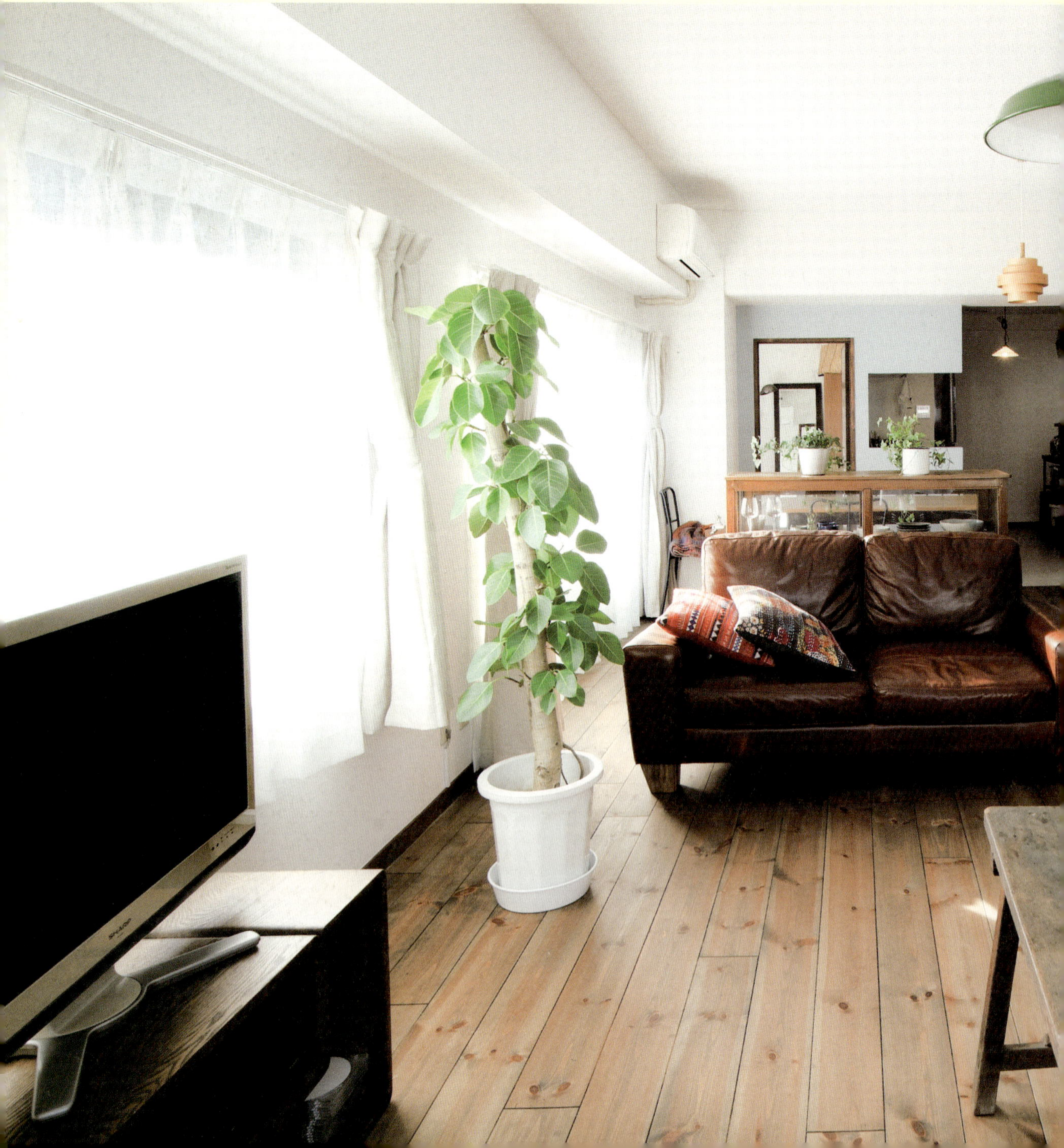

Before

거실과 주방의 동쪽에 폐쇄
적인 다다미방이 있었고 거
실과 주방의 스페이스도 고
즈넉했다.

After

이전의 다다미방은 낮은 천장과 칸
막이벽을 없애고 거실과 주방으로
통일했다. 이전보다 공간이 두 배나
넓어졌다. 천정도 높아졌고 양면 채
광의 밝은 공간으로 변신했다.

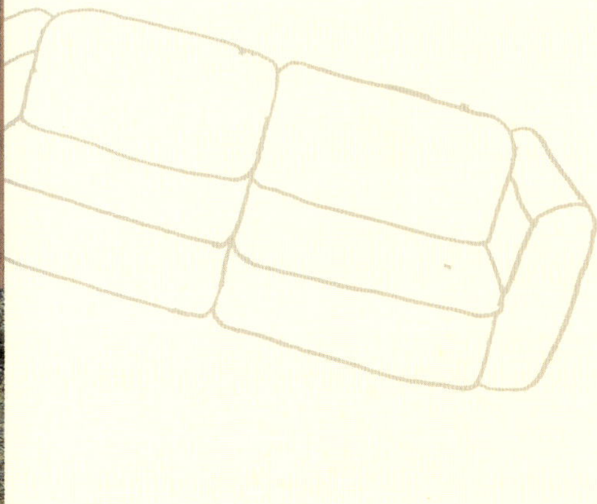

약 10평 넓이의 거실과 주방. 사진 속
에 있는 수납 스페이스는 원래 다다미
방의 옷장이었는데 나무로 된 문을 설
치했다. 바닥은 무구재를 깔고 하얀 벽
은 벽지를 다시 붙였다. 천정 부분은
뿜칠 도장으로 마무리했다.

아내가 좋아하는 유리가 달린 식기장을 거실과 주방을 구분하는 칸막이로 놓아두었다. 전에는 벽에 붙여놓았는데
거실과 주방을 넓게 해서 가구의 디자인을 살린 배치를 할 수 있어서 너무 기뻤다고 한다.

현관홀에 놓아둔 아이언 소재
의 체스트는 신발장으로 사용.
여기에 넣지 못하는 신발은 사
지 않는다고 한다.

Entrance

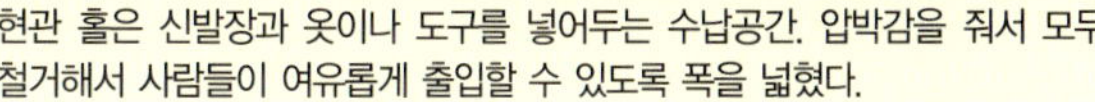

현관 홀은 신발장과 옷이나 도구를 넣어두는 수납공간. 압박감을 줘서 모두
철거해서 사람들이 여유롭게 출입할 수 있도록 폭을 넓혔다.

거실·주방의 넓은 벽의 한쪽 면을 겨자색으로 칠했다. 가구에 어울리는 고재를 이용한 이동식 선반을 달고 수납과 디스플레이를 자유자재로 할 수 있도록 고안했다.

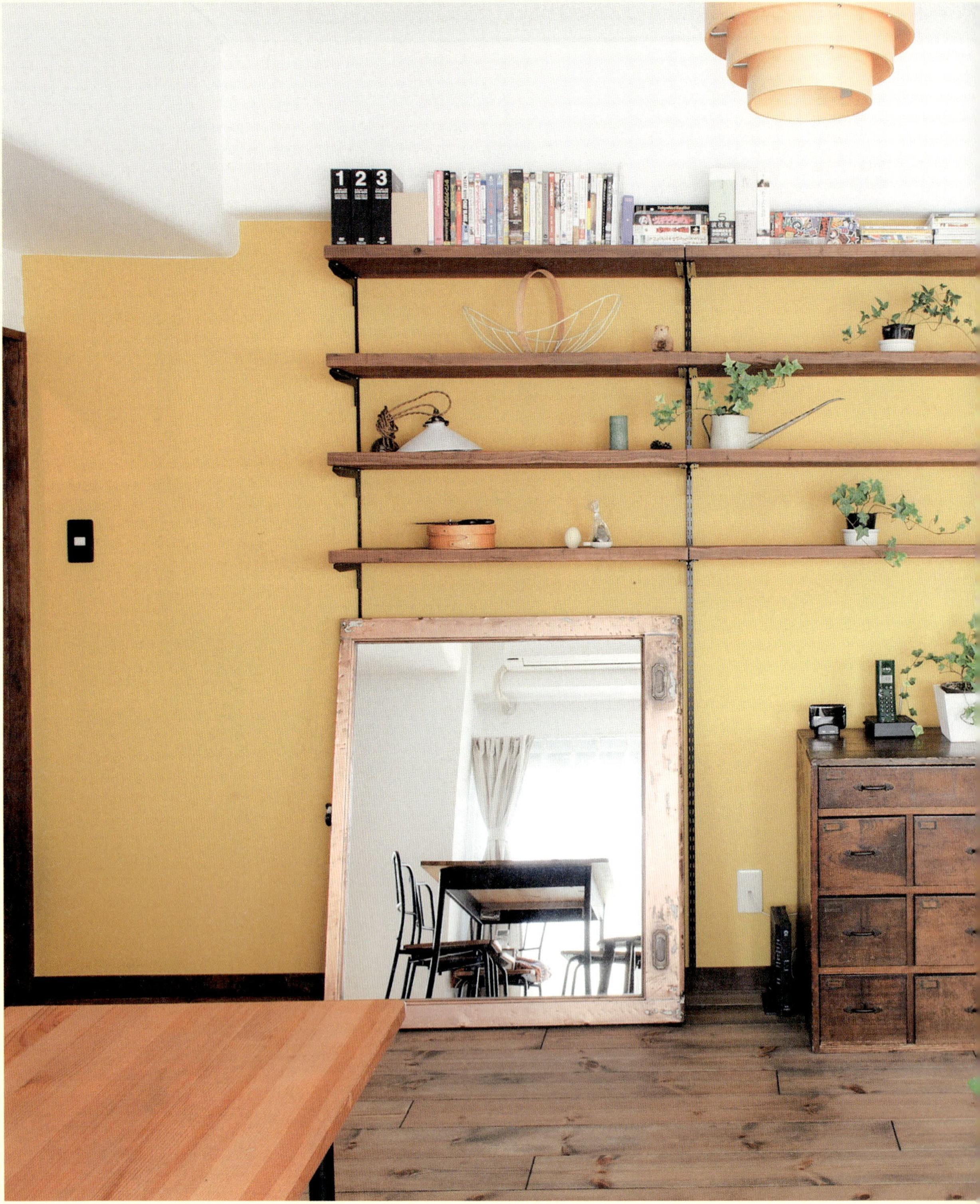

S 씨는 지은 지 27년 된 맨션을 구입해서 3년 전에 리폼을 했습니다.

부인은 "예전에 살던 임대주택이 비좁았기 때문에 소파를 두고 여유롭게 쉴 수 있는 공간이 필요해서 거실과 주방을 중심으로 하는 리폼을 결심했습니다. 또 저희들의 생활 스타일에 맞춰서 각자의 개인실도 원했습니다."라고 리폼을 하게 된 동기에 대해 설명했습니다.

그래서 기존의 배치를 살려 두 개의 독립된 서양식 방을 각자의 개인실로 만들고 다다미방을 터서 거실과 주방으로 합쳐서 주방 세트와 롱 시트의 소파 두 개를 여유 있게 놓을 수 있는 넓이를 확보했습니다.

또 키친은 벽의 일부 헐고 바닥은 물에 강하고 감촉도 좋은 코르크 타일을, 캐비닛 판재도 목재로 변경했는데 설비는 리폼한 것을 그대로 활용했습니다. 그 외에 손님도 사용하는 현관이나 세면실은 수납을 없애서 넉넉한 공간을 확보했습니다.

부부가 또 한 가지 바란 것이 앤티크 가구에 어울리는 내장이었습니다. 현관에서 거실·주방·키친과 개인실에 이르기까지 깐 무구의 마룻바닥은 몇 가지 샘플을 가지고 와서 가구와 맞춰보고 소재와 도장을 고려해서 선택했습니다.

또 부인이 직접 앤티크 건구를 조사한 뒤 구입해서 틀의 사이즈를 맞춰서 설치했습니다. 이렇게 완성된 공간에서 두 사람은 집에서 생활하는 시간을 만끽하고 있습니다.

거실과 주방에서 각자의 개인실로 이동하는 동선은 이전 그대로이다. 남편은 집에서 일을 하는 경우가 많아서 앤티크 문을 달아서 완전히 독립된 방으로 만들었다.

주방 테이블에서 식사를 끝낸 후에는 주로 거실 소파로 자리를 옮겨서 느긋하게 술을 한 잔 하면서 저녁 시간을 보낸다고 한다.

Kitchen

기존의 키친에 물푸레나무 자재를 세로로 붙인 문을 만들었다. 깊이 있는 갈색에 철제 손잡이를 달아서 다른 공간과 통일감을 주었다.

Before After

내림은 크기가 적당했지만 칸막이벽으로 거실·주방과 는 별개의 공간 같은 인상이 짙었다.

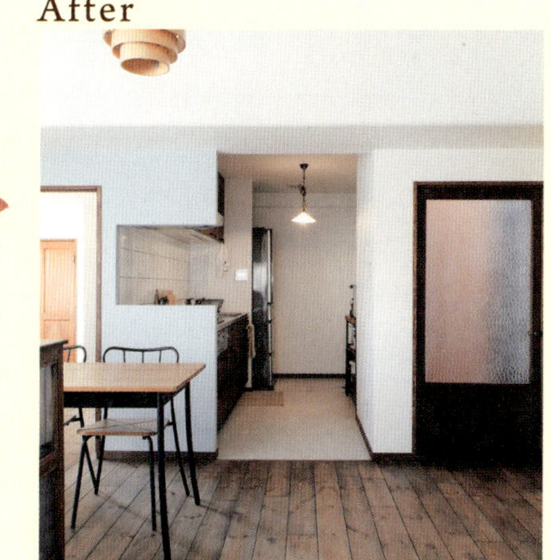

키친과 거실·주방에서 서로 다른 모습이 보일 정도의 크기로 칸막이 벽 일부를 제거하자 키친에서의 시 야가 넓어지고 거실·주방과 커뮤니 케이션을 취하기 쉬워졌다.

Idea Tips

디자인이 다른 건구

개인실의 문은 일본의 앤티크. 각각 디자인은 다르지만 모두 오래 사용한 나무의 풍미가 공 간에 묻어난다.

분위기 있는 유리문

현관홀에 설치한 거실문은 부인 이 형판 유리의 문양이 마음에 들어 골랐다고 한다. 유리를 통 해서 온화한 빛이 현관으로 비 친다.

무구재에 깊이감을 더하다

마룻바닥은 촉감이 좋은 무구재 송판. 앤티크 가구에 어울리도 록 약간 낡은 느낌이 나는 색으 로 도장했다.

벽에 색조 악센트를

벽은 하얀 직물 벽지를 베이스 로 컬러풀한 색칠을 해서 악센 트를 줬다. 이미지한 색상을 전 문가에게 말하고 도료를 섞어서 원하는 색조를 얻었다.

남편 방의 벽면에는 많은 장서가 꽂혀 있어서 이동식 선반을 설치했다. 선반의 크기를 퍼즐처럼 조합해서 벽의 요철도 낭비하지 않고 활용했다.

벽면을 핑크와 블루그레이로 나눠서 칠한 남편의 방. 핑크는 남편이 원했다고 한다. 바닥은 거실·주방과 똑같이 송판을 깔았다.

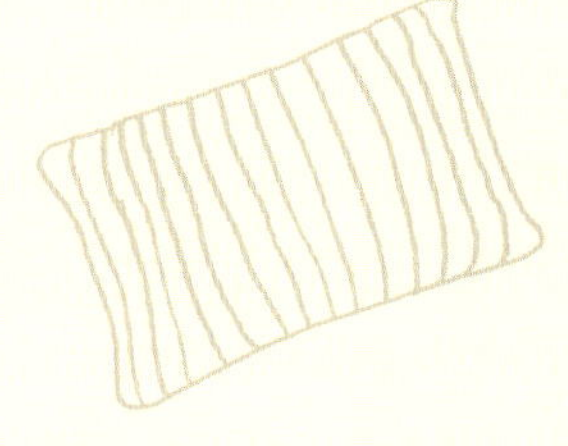

Bedroom

부인의 방은 기존 방에 클로젯을 추가했다. 사용하기 편한 여닫이문보다 다소 불편해도 앤티크 미닫이문을 달았다.

아내의 인테리어 코디네이트는 실용성보다 마음이 편해지는 작은 가구를 무심하게 놓아두는 것이 포인트. 이런 코너 장식은 카페 스타일과도 일맥상통한다.

아내의 방에 있는 책상 코너. 심플한 책상의 정취가 느껴지는 이유는 방이 깔끔하기 때문이다. 소유물의 양과 수납의 조절이 중요하다.

Bedroom

평안함을 연출하는 펜던트라이트와 소파, 의자

1. 카페에서 흔히 볼 수 있는 것이 펜던트라이트. S 씨의 집에서도 에나멜 칠을 한 전등갓으로 복고풍 분위기의 라이트를 거실에 달아서 차분함이 느껴지도록 했다.
2. 미국의 사장품을 취급하는 가게에서 구입한 가죽 소파. 미국식 사이즈여서인지 크고 착석감도 발군이다.
3. 주방 세트는 선이 가냘픈 아이언과 나무를 조합한 가구로 마련했다. 내추럴하지만 세련된 인상을 준다.

세면대 세트를 없애고 벽면에 짙은 블루의 미니 타일을 붙여서 '실험용 세면기'를
설치해서 심플한 분위기를 연출했다.

세면실은 안쪽에 있었던 커다란 수납을 철거해서 만들었다. 지금까지 키친에 놓아두었던 세탁기를 놓아두었다.

Sanitary

거실 · 주방에 놓아두었던 유리를 끼운 가구는 식기가 보이도록 수납해서 놀러 온 사람이 가벼운 마음으로 상을 차리는 준비를 도울 수 있도록 했다.

DATA / PLAN

공사비 내역

합계 ─────────────────── **5,760만 원**

＊가설 · 해체공사, 목공 · 내장공사, 건구공사, 내장마감공사, 집기설비, 설비공사 포함

Data

- 주거 형태 : 맨션(연식 27년)
- 리폼 면적 : 약 76㎡
- 리폼 부분 : 키친, 주방, 거실, 세면실, 화장실, 욕실, 침실, 복도
- 설비기기 : 설비기기 : 세면실 – 세면기, 수전, 화장실, 욕실 – 시스템 욕조
- 완성 연도 : 2012년 7월(공사기간 약 45일)
- 설계 : 스타일공방

Before

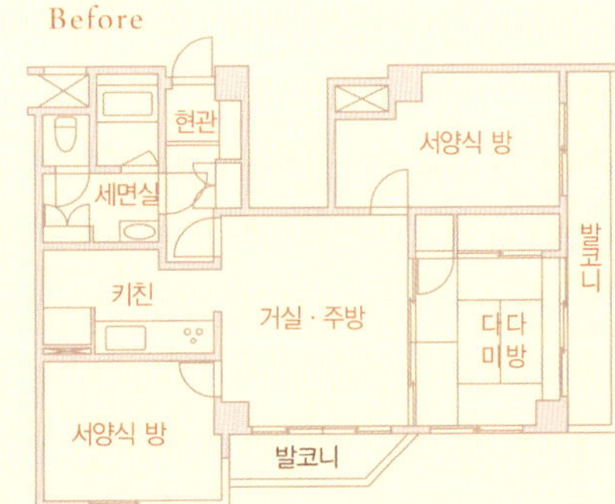

After

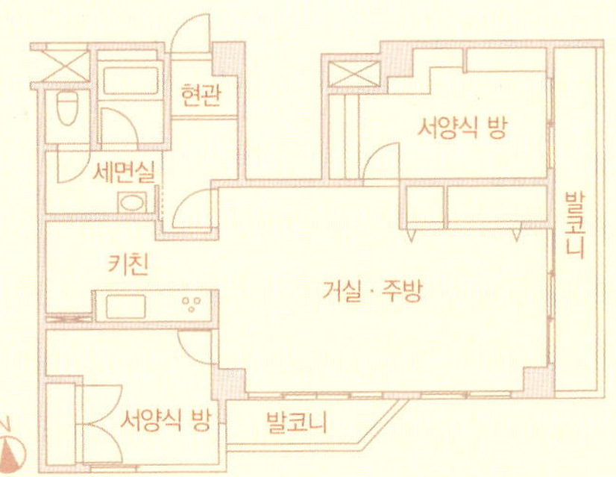

CASE 02

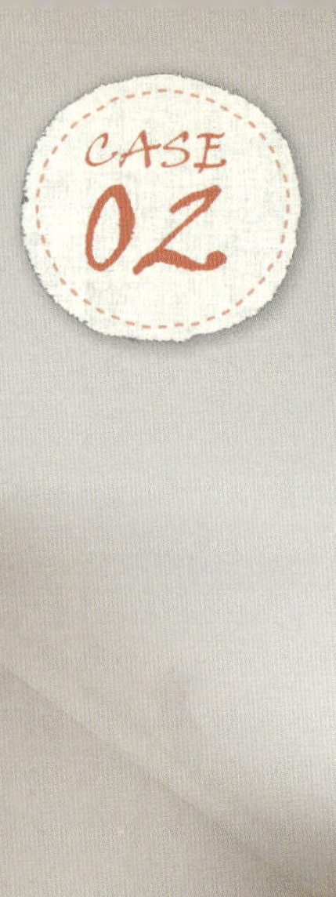

사미타마 현 O 씨(38세, 아내, 아이 2명)

톡톡 튀는 수납 아이디어와 기술로 완성한 개방형 거실과 주방

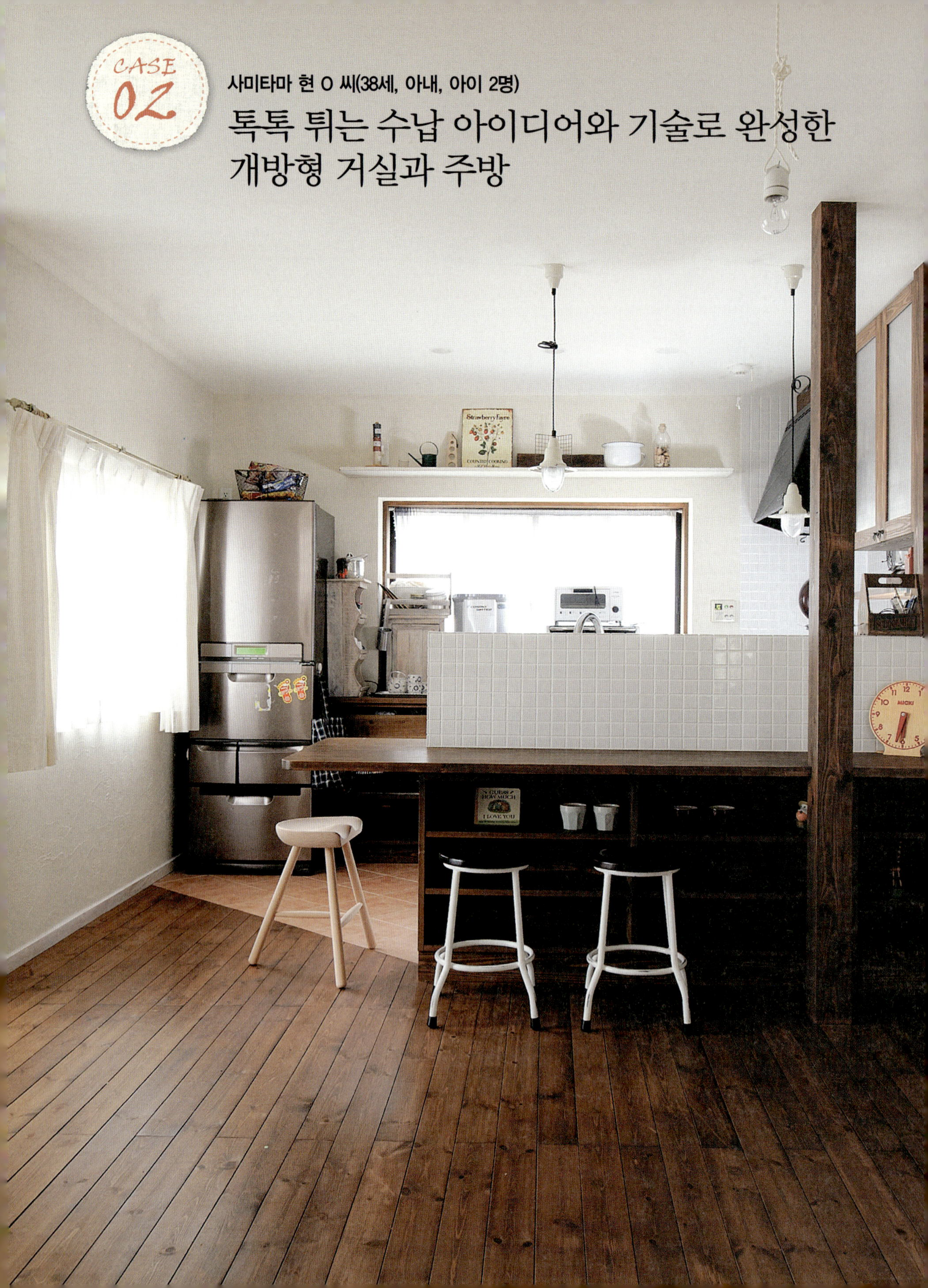

After

약 7.5평의 공간에 거실·주방과 함께 만든 오리지널 키친. 거실·주방의 바닥은 부드러운 감촉의 소나무 무구재. 바닥이나 카운터를 갈색으로 칠해서 카페 분위기를 연출했다.

Before

이전 키친은 거실과 주방에서 훤히 들여다보여서 일을 할 때에도 왠지 불안감이 들었다.

Kitchen & Dining

아이들이 자라면서 거실·주방·키친이 비좁아져서 단독주택을 리폼하기로 한 O 씨 부부. 공간을 넓히기 위해 거실·주방·키친과 이웃한 현관을 다다미방이 있는 북쪽으로 옮기고 세니타리와 계단의 칸막이벽을 없애기로 했습니다. 이렇게 해서 밝고 개방적인 공간으로 다시 태어났습니다.

키친은 I자형에서 L자형으로 바꾸고 카운터 테이블을 조합한 대면식으로 만들었습니다. 카운터의 윗부분은 타일을 붙이고 높게 만들고 싱크대 옆까지 둘러쳐서 개방적이면서도 독립감이 느껴지는 키친으로 완성했습니다. 밖에서는 키친 안쪽이 잘 보이지 않아서 부모님이나 친구들이 와도 대화를 하면서 차분하게 주방 일을 할 수 있다고 합니다.

여기에 키친을 깔끔하게 하기 위해 식기장은 놓지 않으면서 찬장을 설치하고 카운터 아래에는 오픈 선반을 만들었습니다. 주방 쪽은 거실에서 보이기 때문에 수납 겸 장식장으로 사용할 수 있도록 했습니다.

완성된 거실·주방·키친은 타일과 흰색의 규조토 벽, 미디엄브라운의 나무 촉감, 방 안에 장식한 잡화 등이 어울려 복고풍 정취가 묻어나는 카페 같은 분위기를 연출합니다.

아침 일찍 일어나서 카운터 테이블에서 커피를 마시면서 집안을 바라보는 것을 좋아한다고 말하는 부인의 웃음에서 가족이 얼마나 만족하고 있는지 느낄 수 있었습니다.

친구와 차를 마실 때 사용하는 studio'm의 에피스컵은 심플한 디자인 외에 식기와 잘 어울려 너무 마음에 든다.

키친 카운터 코너에 양념 통이나 도구 걸이를 달아서 카페처럼 보이도록 수납했다.

싱크대 아래는 오픈해
서 휴지통을 놓는 장소
로 활용. 캔을 이용해서
약간의 멋을 냈다.

가스레인지 아래 서랍에
는 커트러리, 하단에는
냄비 종류를 수납한다.
편리성에 중점을 뒀다.

Kitchen & Dining

주방 테이블은 놓지 않고 식사는 카운터에서 한다.
코너 자리가 아내가 좋아하는 자리이다.

키친의 뒷면에도 오픈 카운터를 만들어서 식품을 저장하
거나 자질구레한 물건을 나무상자나 와이어 랙에 넣어서
수납. 가전제품도 이곳에 놓아두었다.

징두리를 만들어서 인테리어를 돋보이게 한 거실 코너. 사진의 왼쪽에 있는 기둥
과 들보는 구조성 제거할 수 없어서 갈색으로 칠해서 장식 선반으로 활용했다.

거실의 한쪽 면에 만든 창은 본래 현관이었던 장소로 현관문
을 살려 고창(高窓)으로 다시 만들었다. 흰색의 양쪽 여닫이창
을 골라서 서양풍 분위기를 냈다. 상부에 금속제 폴을 달아서
그림책을 장식하는 코너로 만들었다.

계단 앞의 통로는 거실·주방·키친을 통해서 2층으로 이동
하는 동선이다. 계단의 마루 판자는 바닥과 똑같이 송판으로
대체했다. 계단의 높은 창에서 북쪽의 빛이 거실·주방·키친
으로 흘러 들어와서 밝다.

Idea Tips

키친의 기발한 책장

카운터 벽면에 만든 벽감은 폴을
하나 걸어서 작은 책장으로 만들
었다. 카페의 메뉴처럼 그림책을
놓아두고 디스플레이 코너로 활
용했다.

벽감으로 벽면에 표정을

계단 옆의 벽에 설치한 벽감에는
좋아하는 물건으로 장식했다. 상
부를 아치형으로 하고 하부에는
나무 선반을 깔아서 부드러운 인
상을 주었다.

악센트를 주는 안창

디자인 창을 가지고 싶다는 부인
의 요청으로 카운터 상부에 디스
플레이 선반에 장식창을 만들었
다. 재미있는 발상이 돋보이는 코
너 연출.

블록 글라스 창

거실 동쪽의 벽 한쪽은 구조적으
로 안전한 벽이어서 창을 만들었
다. 블록 글라스는 외부의 시선
을 차단하면서 인테리어성도 높
여준다.

Entrance

현관문을 연 정면에 설치한 세로 격자
의 칸막이는 시선을 차단하면서 현관
에 빛을 끌어들이는 효과가 있다. 현관
에서 세로 격자 칸막이를 끼고 실내로
들어오는 동선은 카페에서 사용하는
카페 내부에 대한 기대감을 높이는 어
프로치 연출과 닮았다.

**Cafe 같은
아이템**

복고풍의 연출에 효과적으로 사용할 수 있는 아이언과 스틸

1. 키친 상부의 선반에 장식된 앤티크 아이언 플레이트. 오래된 듯 약간 녹이 쓴 느낌이 앤티크에서만 느낄 수 있는 풍격
   과 온기를 준다.
2. 카운터 테이블에서 사용하는 스툴. 스툴의 질감과 흑백의 심플한 색조가 복고풍의 공간에 잘 어울린다.

Hall

다다미방을 현관과 홀로 만들었다. 왼쪽의 작은 창이 딸린 문이 화장실, 오른쪽의 튀어나온 창이 우드 데크로 이어진다.

Sanitary

오리지널 디자인으로 만든 세면대는 학교의 실험용 싱크대를 설치한 것이다. 자질구레한 일용품은 측면의 벽감에 넣어두었다.

DATA / PLAN

공사비 내역

키친	1,060만 원
거실 · 주방	5,600만 원
세면실	410만 원
화장실	360만 원
현관 · 홀	550만 원
합계	**7,980만 원**

＊시공비, 설치비, 내장재, 설비기기 등 포함

＊거실과 주방은 공사비, 상품비 등 포함

＊현관 포치 별도. 싱크 · 키친 수전, 거실 · 주방 조명, 세면 거울이 달린 상자 · 수건걸이, 휴지걸이 · 수건봉은 별도

＊레인지 후드는 기존 이용

Data

■ 주거 형태 : 단독주택(연식 10년)

■ 리폼 면적 : 약 45㎡

■ 리폼 부분 : 키친, 주방, 거실, 세면실, 화장실, 현관 홀

■ 설비기기 : 키친 – 가스레인지, 세면실 – 세면기, 화장실 – 변기

■ 완성 연도 : 2010년 11월(공사기간 약 60일)

■ 설계 : OKUTA LOHAS studio

Before

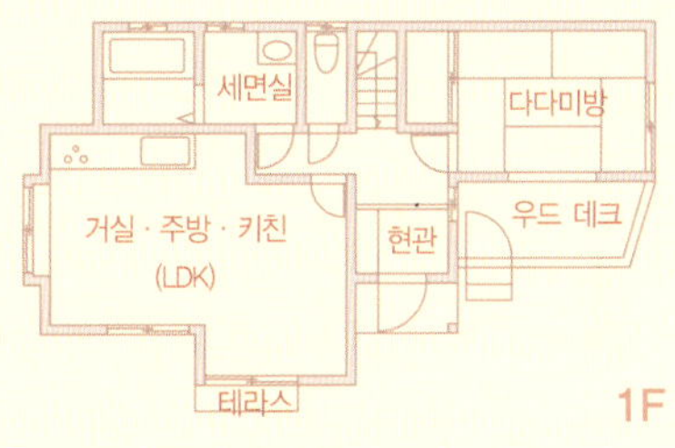

After

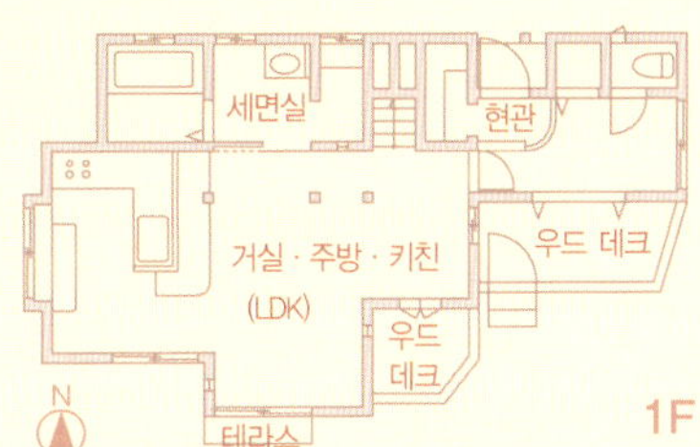

도쿄 도 U 씨(28세, 아내)

커뮤니케이션과 여유로운 생활을 위해
집의 중심에 아일랜드 카운터를 새로 설치

약 9평의 거실·주방·키친과 침실. 아일랜드 카운터에는 IH 쿠킹히터를 설치해서 카운터 위는 깔끔하게 정돈했다. 콘크리트 들보는 상태가 깨끗해서 도장을 하지 않고 노출되도록 했다.

Before

벽이 딸린 타입의 I형 키친에서는 가족과 대화를 나누기 어려워서 불만이었다.

After

욕실과 세니타리를 제외한 칸막이벽을 철거해서 거실·주방·키친에서 침실 코너까지 조망할 수 있도록 만들었다. 바닥은 무구의 삼나무 목재.

마음에 드는

Cafe goods

빛에 따라 표정이 바뀌는 유리 식기를 좋아한다. 특히 LOOK에서 만든 코카콜라 글라스는 평소에 자주 사용한다.

중고 맨션을 구입해 리폼을 하면 자신들이 꿈에 그리던 집을 만들 수 있을 것이라고 생각한 부부는 먼저 중고 맨션을 구입했습니다.

본래 거실·주방·키친이었던 방은 인접한 서양식 방과 복도의 벽을 없애서 개방적으로 만들었습니다. 본래 키친이었던 장소는 큰 화분을 둘 수 있는 오리지널 파티션으로 구분하고 침실로 변경했습니다. 또 거실의 가구 수를 줄여서 공간을 넓게 사용할 수 있도록 했습니다.

U 씨의 집에서 인상적이었던 점은 벽 쪽에 있던 I형 키친을 아일랜드 카운터가 딸린 2열형 키친으로 만들어서 집의 중심으로 옮긴 것이었습니다. 그중에서도 아일랜드 카운터는 "키친에서 식사뿐 아니라 책을 읽을 수 있고 일도 할 수 있는 공간이 있었으면 좋겠다."라고 하는 부인의 바람대로 넓이를 크게 한 점이었습니다. 주방 테이블을 겸해서 다목적으로 사용할 수 있도록 한 것입니다.

또 카운터 아래에 가전제품을 두는 장소를 만들고 냉장고는 사이드를 칸막이로 감싸서 벽면에 배치하는 등 키친의 주변을 가능한 깔끔하게 정리해서 일하기 쉬운 환경으로 만들었습니다.

"이런 키친이라면 손님 네다섯 명을 충분히 접대할 수 있고 음식을 하면서 대화도 할 수 있어서 꼭 카페 같은 느낌이 듭니다."

이렇게 말하는 부인은 카페 스타일의 분위기에 크게 만족하고 있는 듯했습니다.

Idea Tips

표정이 있는 타일을

부인이 좋아하는 카페에서 사용하던 것을 이미지해서 고른 타일. 앤티크 같은 촉감이 좋다고 한다.

부품 하나에도 신경을

스위치는 매일 손을 대는 것이기 때문에 좋아하는 디자인을 선택했다. 미국식 스위치 플레이트는 심플하고 옛날 정취를 느낄 수 있다고 한다.

목재 상판의 아일랜드

IH 쿠킹히터는 목재 상판이어도 사용할 수 있어서 삼나무 자재를 이용한 오리지널 디자인을 선택했다. 조리나 식사를 할 때에도 사용할 수 있도록 방수 도장 처리했다.

모르타르 카운터

소재감을 살린 개성적인 키친을 만들고 싶다는 부인의 바람으로 소박한 질감을 고려해서 싱크대는 토방과 똑같이 모르타르로 마감했다.

Kitchen

키친 바닥은 토방과 똑같이 마감을 했다. 안쪽으로 보이는 거실 바닥을 높게 해서 키친과 구분되도록 했다.

벽면에는 싱크대와 조리대를 설치했다. 가스레인지 앞의 벽 쪽에 냉장고를 놓아두어서 가사 동선도 좋고 사용하기 편리해졌다.

Living

집에 있을 때에는 서로의 기척을 느끼고 싶다는 부인의 바람에 따라 침실에서 거실까지 조망할 수 있는 공간으로 만들어서 서로 대화를 나누기도 편리하다.

현관홀에서 그대로 키친으로 연결되는 모르타
르 토방. "물건을 둘 수 있는 스페이스가 생겨
서 편리해졌다."고 한다.

Hall

(오른쪽 위) 현관홀에 높이를 제한해서 만든 책장은 문고판을 꽂아두는 코너로 활용. 출퇴근 도중에 읽고 싶은 책을 아침에 나갈 때 바로 꺼낼 수 있어서 편리하다고 한다.
(왼쪽 위) 부인은 책은 장식을 하면 좋은 인테리어 아이템이 된다고 한다. 코르크나 기린 등의 장식품을 놓아두었다.
(아래) 주택이나 인테리어 외에 여행 관련 책도 꽂아두었다. 여행지에서 산 토산물과 잡화 등도 디스플레이했다.

세니타리는 하얀 타일과 세면기로 밝
기와 심플함을 강조했다. 복고풍 디자
인의 수전(세면도기, 샤워수전) 등의
기구는 기존 것을 사용했다.

Sanitary

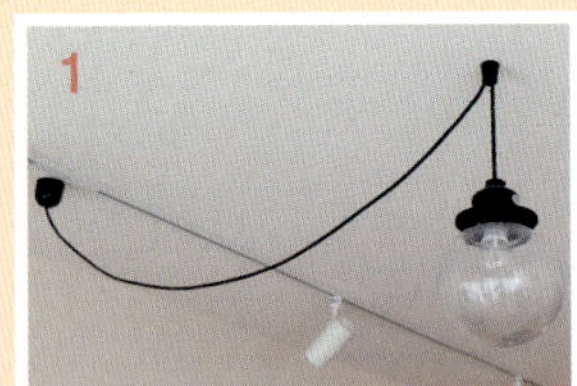

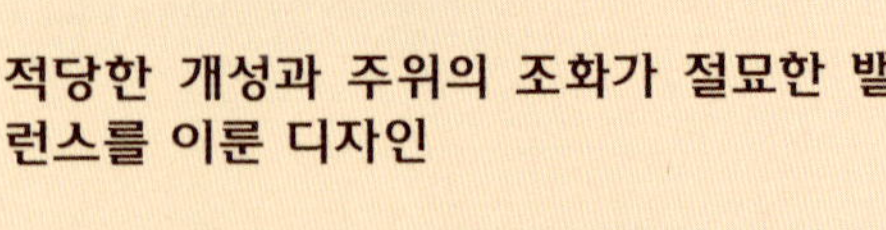

적당한 개성과 주위의 조화가 절묘한 밸런스를 이룬 디자인

1. 거실 조명은 원 플로어 공간이어서 천정이 깨끗하게 보
   이도록 유리전구가 인상적인 디자인을 선택했다. 천정에
   매달아서 빛의 음영이 천정에 비치면 아름답다.

2. 세면실 거울은 벽 한쪽 면의 사이즈에 맞게 주문해서 만들었다. 큰 거울은 주위까지 비춰줘서 방을 넓게 보이는 하는 효과가 있다고
   한다.

3. 파티션은 화분을 놓는 것 이 외에 물기에도 견딜 수 있도록 방수가공을 한 오리지널 디자인이다.

4. 면으로 된 천을 커튼 대신 사용했다. 햇빛을 차단하지 않으면서 창가에 인테리어 효과를 준 부인의 센스가 돋보인다.

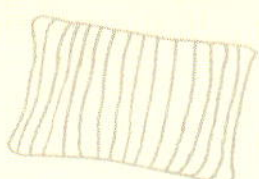

Bedroom

침실 코너는 부인의 요청으로 태양빛이 많이 들어오는 남쪽에 배치했다. '방의 악센트'를 위해 콘크리트 들보는 그대로 노출했다.

Entrance

부인의 아이디어로 현관 홀에는 오픈 스타일의 신발장을 만들었다. 고재를 사용한 큰 거울을 두고 외출할 때 복장을 체크한다.

DATA / PLAN

공사비 내역

키친 ··· 1,000만 원
그 외 ··· 5,500만 원
합계 ··· **6,500만 원**
＊시공비, 설치비, 내장재, 설비기기, 해체공사, 폐기물처리비 등 포함
＊설계비, 감리비 등은 별도

Data

- 주거 형태 : 맨션(연식 37년)
- 리폼 면적 : 약 45.92㎡
- 리폼 부분 : 풀 리폼(거실 · 주방 · 키친, 세면실, 화장실, 욕실, 현관, 침실)
- 설비기기 : 키친-싱크, 가스레인지, 레인지후드, 스전, 세면실 – 세면기, 화장실 – 변기, 욕실 – 스스템욕조
- 완성 연도 : 2012년 4월(공사기간 약 60일)
- 설계 : 田中亞沙美 + 에토라디자인

Before

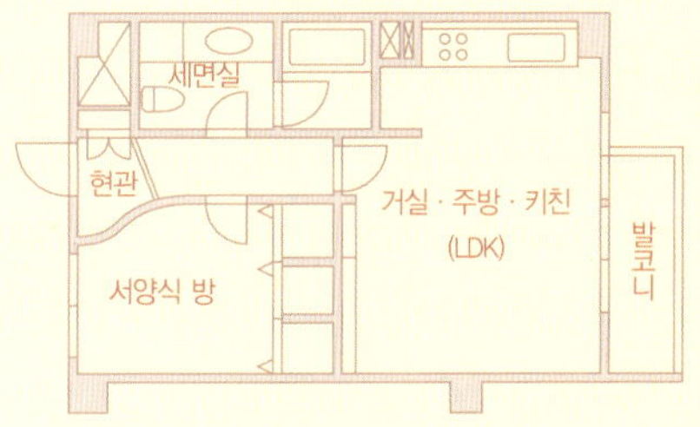

After

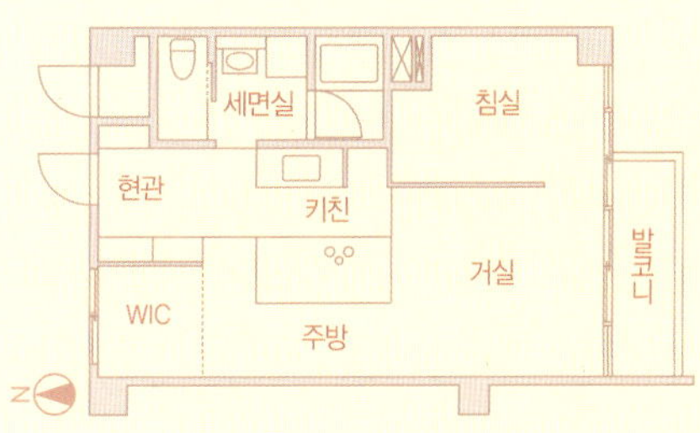

키친과 오픈으로 연결된 거실과 주방. 거실의 안쪽 벽에 칠한
노란색은 프로방스를 연상시킨다. 철거하지 못하는 들보는 여
행지에서 산 그림과 카드로 장식해서 갤러리처럼 연출했다.
부인은 늘 이 테이블에서 차를 즐긴다고 한다.

CASE 04

도쿄 도 H 씨(32세, 아내)

무구재 마루와 그림과 아트가 가득한 벽과 프랑스 정취가 묻어나는 거실과 주방

Kitchen & Dining

리폼이 끝난 중고 맨션을 구입한 H 씨 부부는 기본적인 배치나 설비, 흰색의 직물 벽지를 살리면서 자신들의 라이프스타일과 감각에 맞춰서 다시 리폼을 했습니다.

리폼을 가장 많이 변경한 것은 키친 주위. 항상 요리 솜씨를 뽐내고 차를 마시는 시간을 즐기고 싶어 하던 부인은 거실과 주방의 동선을 부드럽게 하고 집의 중심을 보면서 요리를 만들고 싶어서 거실과 주방의 사이에 있던 벽을 없애고 오픈 대면식으로 만들었습니다. 이전에는 벽을 쳐다보는 I형이었지만 사용하기 편하고 단정한 2열형 스테인리스 조리대 키친을 만들었습니다.

또 바닥은 무구 티크재로 바꾸고 키친과 세면실은 관리하기 쉬운 테라코타풍의 바닥 타일을 깔았습니다. 티크재는 값싼 자재를 구입해서 줄질을 하고 오일을 칠해서 건조시킨 후에 공사를 시작했다고 합니다. 또한 건구를 찾아보거나 벽의 일부를 좋아하는 색으로 도장하는 등 자신들의 개성을 가미했습니다.

"여행을 좋아해서 매년 파리로 여행을 갑니다. 여행지의 분위기를 평소의 생활 속에서도 느끼고 싶습니다."라고 말하는 부인은 프랑스 프로방스에서 발견한 레몬옐로우의 외벽, 현지에서 산 카드 등 여행의 추억거리를 이용해서 늘 여행을 온 듯한 기분을 집에서 느끼고 있다고 합니다.

**여행의 추억을 떠올리게 하는
작은 아트나 쿠션을**

1. 벽에는 여행지에서 산 카드나 앤티크 전단지 등을 걸었다. 산만하지 않도록 하얀 액자로 통일한 것이 포인트.
2. 편히 쉴 수 있는 쿠션은 몇 개를 놓아둔다. 작은 쿠션은 파리에서 산 킬림(kilim).

벽면이 딸린 l형 독립 키친. 거실·주방
과의 동선이 불편해서 대화를 나누는
데 어려움을 느꼈다.

Kitchen & Dining

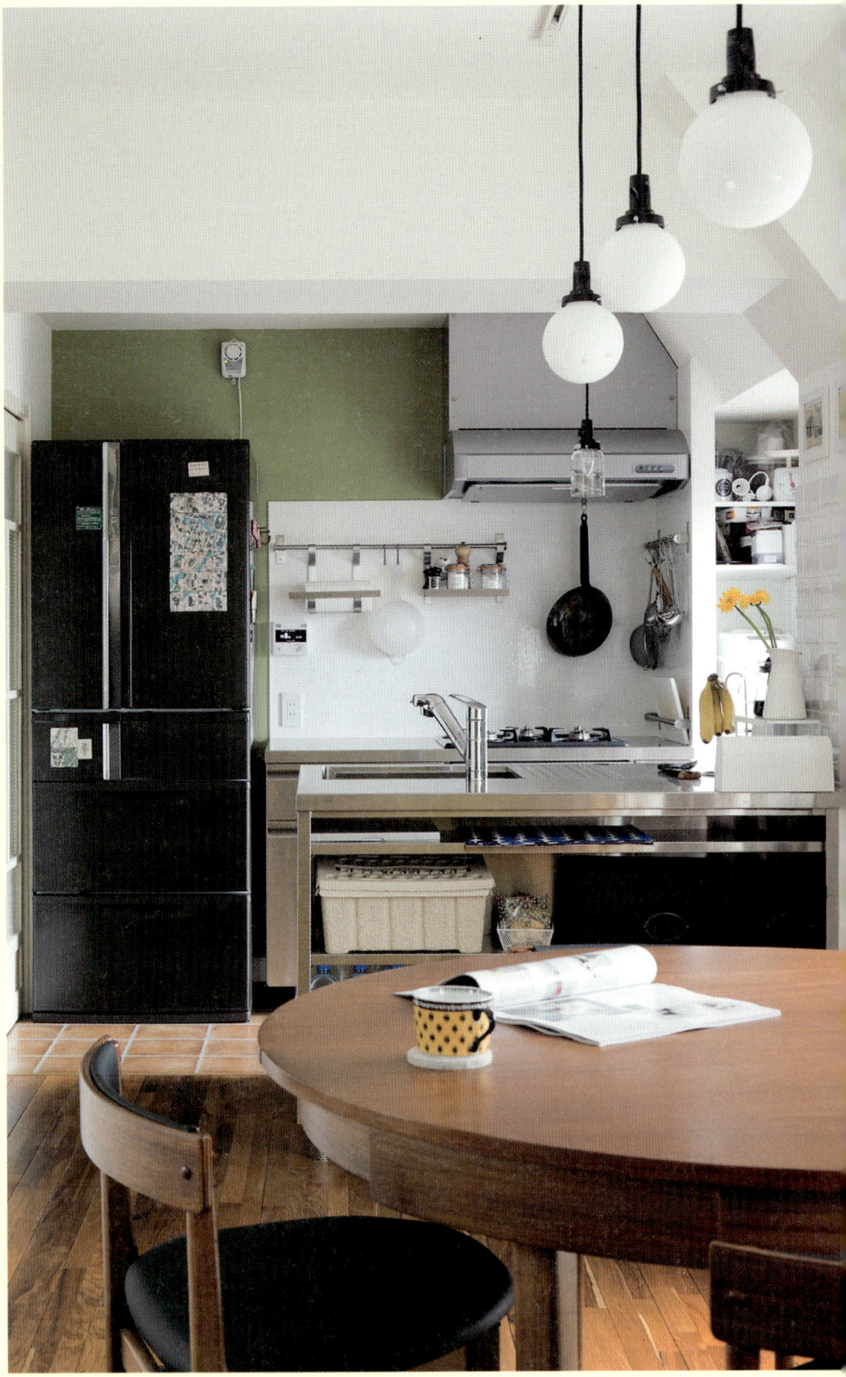

거실·주방의 벽을 철거하고 키친도 대면식으로
변경했다. 거실까지 조망할 수 있고 동선도 좋아
져서 사용하기 편리해졌다.

Kitchen &
Dining

요리하는 것을 좋아하는 부인이 주문한 스테인리스 조리대 키친은 가게에서 쓰는 것을 이미지로 했다. 남부철기(南部鐵器, 일본의 이와데 현 남부철기 협동조합연합회의 가맹업자들이 만든 철기)로 물을 끓인 주전자로 차를 준비하고 있다.

대면식 카운터에서 투명한 유리갓이 빗어내는 조명을 감상한다. 벽에 붙인 선반에는 작은 물건들을 넣는, 마로 된 가방을 놓아두었다.

기둥에 붙인 타일은 파리의 지하철역에서 사용하는 타일이라고 한다. 카운터에는 커피머신과 브레드 케이스를 놓아두었다.

아침햇살이 눈부신 동남쪽 창에 부인이 직접 만든 커튼을 달았다. 한가운데 미나페르호넨(minä perhonen) 천을, 그 위아래로 프랑스에서 산 천을 연결했다.

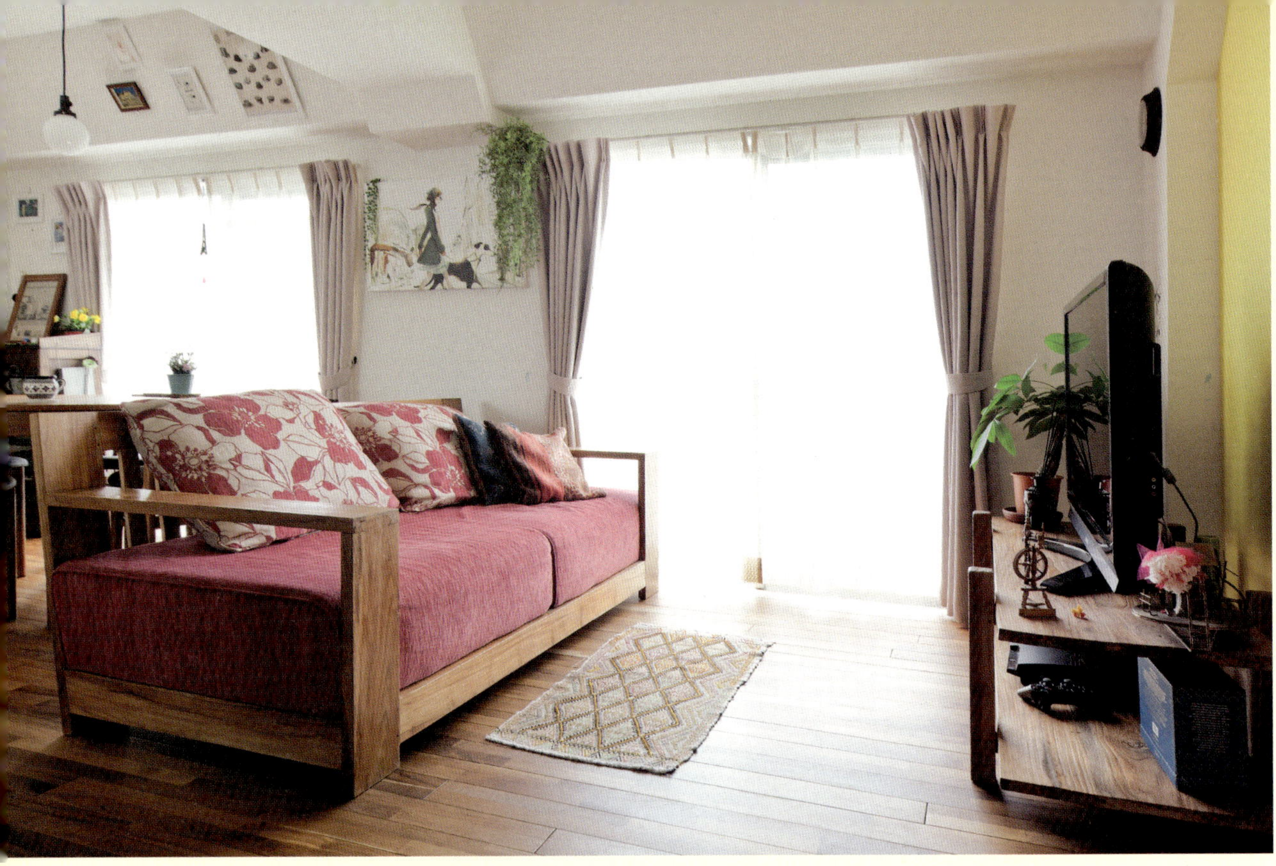

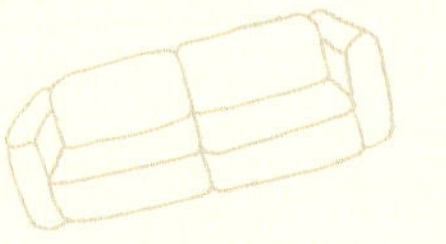

소파와 테이블 보드는 바닥과 같은 티크재를 사용했다. 약간 큰 듯한
소파는 남편이 좋아하는 휴식 장소이다.

벽면에는 좋아하는 사진 등을 액자에 넣
어서 장식했다. 액자 아래의 프랑스 지도
에는 여행한 곳을 표시했다.

카운터의 주방 쪽에 놓아둔 식기장. 낡은
느낌이 공간에 잘 어울린다. 식기를 잘
정리정돈했다.

서재의 벽 한쪽을 규조토가 들어간 부드러운 모스그린으로 칠했다. 앞으로 하얀 벽의 벽지는 회칠을 하려고 생각 중이다.

Play room

남편의 서재는 위치를 바꾸지 않고 폐쇄적이었던 벽과 문을 없앴다.
세 개의 유리 미닫이문으로 바꿔서 개방감을 높였다.

재미있는 벽지

유럽의 거리를 그린 화려한 디자인이 인상적인 벽지. 스웨덴의 샌드버그사 제품으로 일본의 사이트에서 구입.

벽면을 월스티커(Wall Sticker)로 장식

보기에 허전한 벽면에는 월스티커를 붙여서 악센트를 줬다. 흑백의 심플한 일러스트는 지나치지 않을 정도의 악센트가 된다.

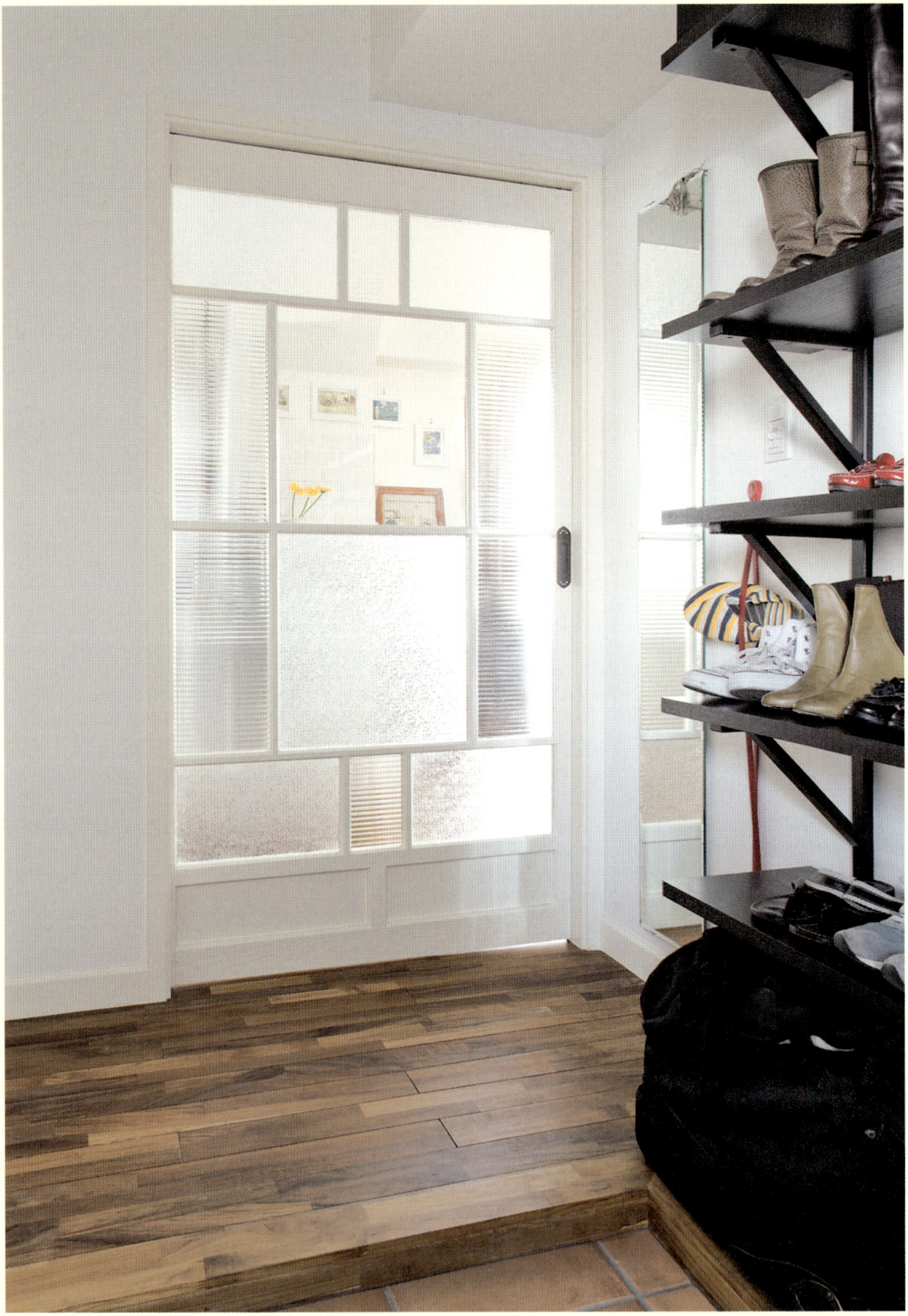

거실 · 주방 · 키친 입구에는 유리의 조합이 개성적인 앤티크 건구를 만들었다. 벽 등의 내장에 맞춰서 하얗게 칠했다.

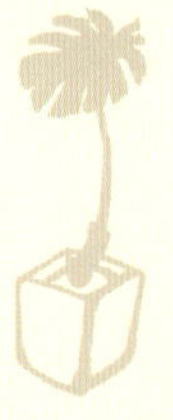

Hall

세면실도 벽의 일부를 그린으로 칠해서 이미지를 일신했다. 오른쪽 벽에는 벽의 두께를 이용한 벽감도 만들었다. 칠을 한 벽과 거울, 조명의 조화가 아트처럼 보인다.

부인은 벽지가 마음에 든다고 한다. 거실·주방·키친은 기존에 있던 하얀 벽지를 그대로 살린 만큼 화장실은 화려하게 꾸미기 위해 마음에 드는 무늬를 골라서 벽의 한쪽 면을 바꿨다.

Sanitary

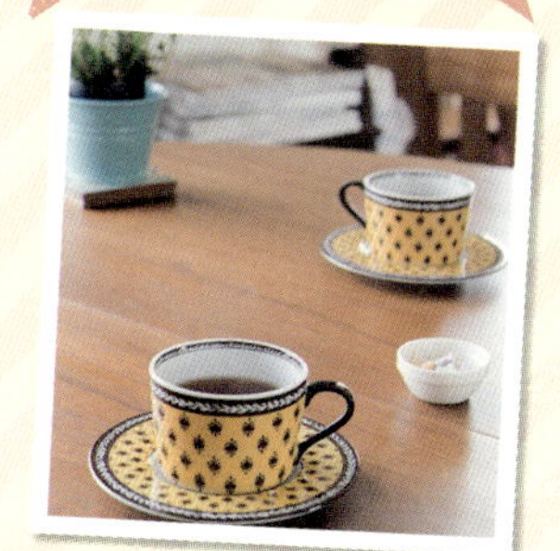

프랑스 프로방스의 전통적인 텍스타일 브랜드, 솔레이아도의 프린트 문양의 컵이다. 프로방스 특유의 색과 모양이 너무 좋다.

DATA / PLAN

공사비 내역

키친	665만 원
거실·주방	700만 원
세면실	295만 원
화장실	165만 원
현관	177만 원
침실	375만 원
작업방	553만 원
그 외	570만 원
합계	**3,500만 원**

＊ 시공비, 설치비, 내장재, 해체공사, 가스배관공사, 전기배선공사, 폐기물처리비 등 포함

＊ 키친 본체는 별도

＊ 세면대와 변기는 기존 것을 이용

Data

- 주거 형태 : 맨션(연식 불명)
- 리폼 면적 : 약 45.3㎡
- 리폼 부분 : 키친, 주방, 거실, 세면실, 화장실, 현관, 침실, 작업방
- 완성 연도 : 2012년 5월(공사기간 약 30일)
- 설계 : 콘셉트

Before

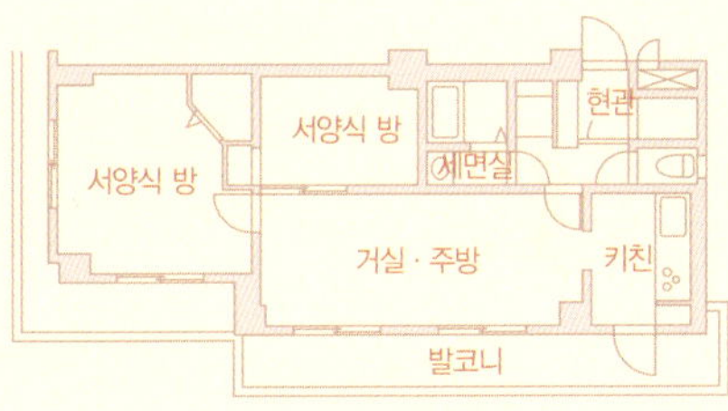

After

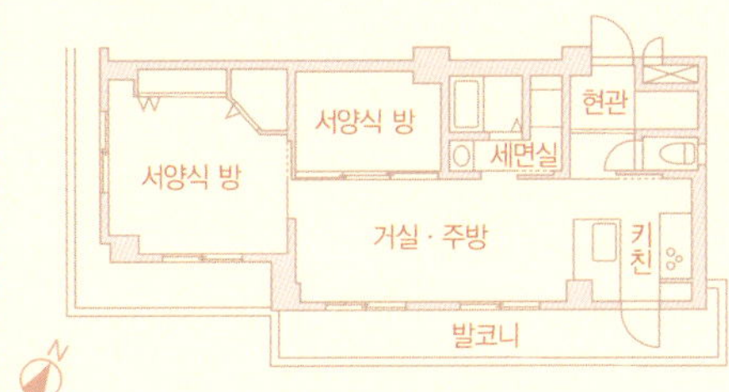

카펫을 깔았던 거실과 주방의 바닥은 송판의 무구 마루를 깔고
자연 소재의 왁스를 칠했다. 감촉이 좋아서인지 남편은 자주
마루에서 쪽잠을 즐긴다.

사아타마 현 E 씨(32세, 아내, 아이 1명)

희망사항을 상세하게 그린 그림을 바탕으로 자연스런 키친 & 거실·주방을 실현

'정원이 있는 단독주택에서 살고 싶다.'는 바람으로 가지고 있던 E 씨는 교외의 지은 지 30년 된 단독주택을 구입했습니다. 전체를 리폼하는 것은 장기적으로 계획을 세웠기 때문에 우선 손님을 맞는 거실과 주방, 키친을 중심으로 리폼하기로 했습니다.

기본적으로 구조는 바꾸지 않고 거실·주방과 키친을 나누고 있던 벽과 문을 없애고 전체를 하나의 공간으로 합쳤습니다. 여기에 자연 소재를 중시해서 바닥은 무구재 마루, 벽은 규조토, 천정은 친환경 벽지로 했습니다.

키친은 설비를 새로 하고 I형 키친은 위치를 그대로 두면서 대면식 카운터를 만들었습니다. 부인은 잡지에서 찾은 사진들을 참고로 하면서 희망사항을 정리해서 그림으로 그려서 설계를 맡은 분에게 건넸다고 합니다.

그림 속에는 잣나무나 타일 등의 소재부터 수납의 위치, 카운터의 디자인까지 상세하게 그려져 있어서 자신이 이상적으로 생각하던 키친을 만들 수 있었다고 합니다. 한편 창의 블라인드나 커튼레일 등은 남편이 DIY를 잘하기 때문에 리폼이 끝난 후에 시간을 들여서 천천히 이것저것 비교해본 뒤에 직접 설치했습니다.

자주 놀러오는 부인의 친구는 키친을 보고 '사랑스러운 키친', '카페 같다.'라며 부러워하고 친구들이 모두 모여서 식사를 하거나 티타임을 즐긴다고 합니다.

의욕이 넘치는 남편이 차례로 이곳저곳 손을 댈 예정이라고 하니 점점 더 살기 좋고 편안한 집으로 변해갈 듯합니다.

아이언, 나무, 그리고 동물 미니어처를 좋아한다. 창가나 키친 카운터에 조금씩 장식했다.

Dining

거실과 주방에 인접한 독립
형 키친. 공간이 차단되어 있
어서 압박감이 느껴졌다.

Dining

After

키친의 내부와 일할 때 손을 완전히
감춰주는 높은 카운터. 그다지 폭이
넓지 않아서 거실과 주방과의 동선
도 원활하고 쾌적하다.

(오른쪽) 카운터의 창 쪽은 창틀의
높이에 맞춰서 한 칸을 내렸다. 자연
소재의 바구니를 놓아두어서 바깥에
서의 시야를 차단.
(왼쪽) 카운터의 전면과 사이드를 규
조토로 마감하고 벽감을 만들었다.
전면은 좋아하는 작은 물건의 디스
플레이 코너로 했다.

넣고 꺼내기 편한 슬라이드식 선반
에 자주 사용하는 커피세트를 모
아두었다. 저녁이나 휴일은 남편이
커피를 만든다고 한다.

키친 카운터는 전기밥통과 홈 베이커리 등의 가
전을 잘 수납할 수 있도록 설계되어 있다.

D i n i n g

Kitchen

싱크대는 사용하기 편한 백색 스테인레스 제품을
썼고, 외등 느낌의 브라켓을 사용했다.

잣나무로 만든 캐비닛에 타일을 붙인 카운터 톱의 키친.
무엇을 어디에 넣을까 하는 수납 계획도 고려하면서 항
상 깔끔하게 유지한다.

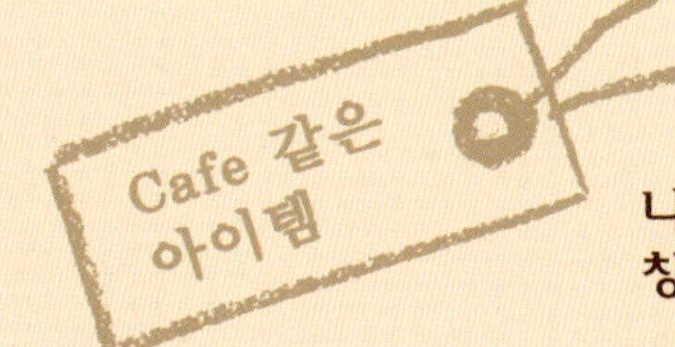

**나무 블라인드와 아이언 레일로
창가를 심플하게**

1. 부인의 바람대로 커튼보다는 창가를 카페처럼
   연출해주는 하얗게 칠한 나무 블라인드를 달
   았다.
2. 아이언 소재의 커튼레일은 화사하고 심플한
   것을 선택했다. 레일의 끝을 세심하게 디자인
   해서 오브제처럼 보인다.

Pantry 

철제 옷걸이를 달아서 앞치마나 빗자루 등을 보이도
록 수납했다. 여기에는 디자인이 좋은 물건, 자주 사
용하는 물건을 골라서 수납한다.

키친의 옆에 있는 문은 본래 토방이었던 바닥의 일부를 올려서 테라
코타 문양의 쿠션 마루를 깔고 팬트리와 가사실로 활용하고 있다.

거실과 주방의 배치는 그대로 했다. 바닥은 무구재, 벽은 규조토, 천정
은 직물벽지로 바꿨다. 카페풍의 의자는 교회에서 사용하던 앤티크.

남편이 아이를 위해 직접 만든 거실 한
쪽의 미니 키친. 이곳의 벽은 가족이 함
께 규조토를 칠한 후에 전문가에게 마
무리를 부탁했다.

Living

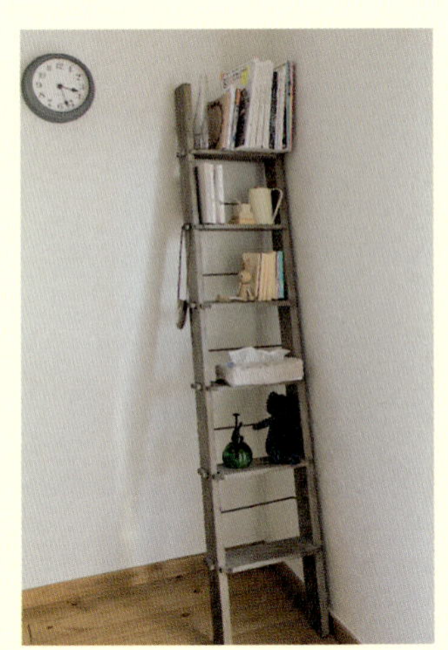

사다리처럼 디자인한 오픈 선반에 책이나
잡화를 보이도록 수납했다. 지금은 공간을
많이 차지하는 가구는 사용하지 않고 깔끔
하게 보이도록 신경을 쓴다고 한다.

중후한 놋쇠 부품

키친의 캐비닛 손잡이를 비롯해서 수건걸이 등은 독특한 소재감이 있는 놋쇠를 달았다. 직접 사서 공사할 때 작업하는 분에게 부탁했다.

스타일리시 타일

키친의 벽면은 직사각형 타일로 다시 깔아서 공간에 변화를 줬다. 가장자리를 대각선으로 자른 테이퍼드 형상이 세련된 인상을 준다.

DATA / PLAN

공사비 내역

키친	1,230만 원
거실·주방	540만 원
가사실	180만 원
복도	198만 원
그 외	2,332만 원
합계	**4,480만 원**

＊시공비, 설치비, 내장재, 설비기기 등 포함

＊양생·청소 등의 제 경비는 별도

Data

- 주거 형태 : 단독주택(연식 30년)
- 리폼 면적 : 약 37㎡
- 리폼 부분 : 키친, 주방, 거실, 가사실, 복도
- 설비기기 : 키친 − 싱크, 가스레인지, 레인지후드, 수전, 전자레인지
- 완성 연도 : 2010년 12월(공사기간 약 60일)
- 설계 : OKUTA LOHAS studio

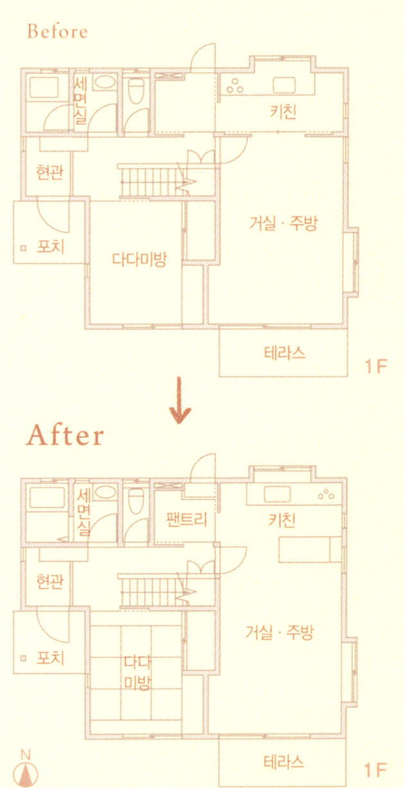

Shiva Cafe

카페 오너에게 배웠습니다!
내장 & 인테리어 테크닉

테이블에 식기나 차 등을 내놓을 때 손님과 적당한 거리를 유지하기 위해 홀 중앙은 공간을 비워서 동선을 확보했다.

마음에 드는 물건만 갖춘
안락한 이색 공간
한정된 공간은 효율 좋은
개방형 수납으로

오너인 가와이 씨는 "어느 나라인지, 어느 시대인지 모르지만 마음이 차분해지는 이색 공간을 만들고 싶었습니다."라고 합니다.

가게에서 쓰고 있는 것은 세월을 뛰어넘어 이어져 온 오래된 가구나 잡화들뿐입니다. 선반 등에 쓴 목재는 해체 공장에서 양도를 받았고 대부분의 조명도 오래된 소재로 직접 만든 것을 사용했습니다. 홀에는 주방 테이블 자리와 벽과 창을 향해 앉는 자리가 있어서 손님의 기분에 따라 자유롭게 사용할 수 있습니다.

한정된 공간을 효율 좋게 사용하기 위해 홀에서 보이는 선반은 오픈해서 넓은 공간감을 주고, 공간에 악센트를 주기 위해 수납이 보이도록 했습니다. 이때 주의한 점은 손님의 시선입니다. 주방 필수품인 전기제품을 카운터 아래에 놓거나 보이는 장소에는 같은 용기를 진열해서 깔끔하게 보이게 하는 등 장소와 물건에 신경을 쓴 것입니다.

키친 주변의 보이도록 한 수납은 색상이나 형태가 두드러진 것은 피하고 심플한 병 등을 선택하면 산만하게 보이는 수납이 공간에 녹아들어 깔끔한 인상을 줄 수 있다며 수납의 요령을 가르쳐주었습니다.

스파이스 종류는 색조가 없는 것을 홀에서 보이는 부분에 진열해서 청결하게 보이도록 연출했다. 하단의 오픈 수납에는 판매용 잡화를 진열하고 나무 케이스나 유리용기에 넣어서 상단과 통일감을 부여했다.

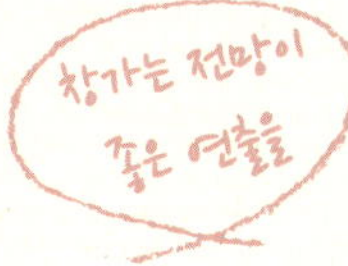

창가 자리는 창 너머 풍경에도 신경을 써서 밖에 화분을 놓아두었다.

창의 바깥에 놓아둔 화분이 외부
의 시선을 차단해준다.

창에 설치한 나무 선반으로 알루미늄 창틀을
가리도록 신경을 썼다.

손을 씻는 공간은 고재
의 상판에 녹이 쓴 도
기 세면기를 조합해서
온기를 줬다.

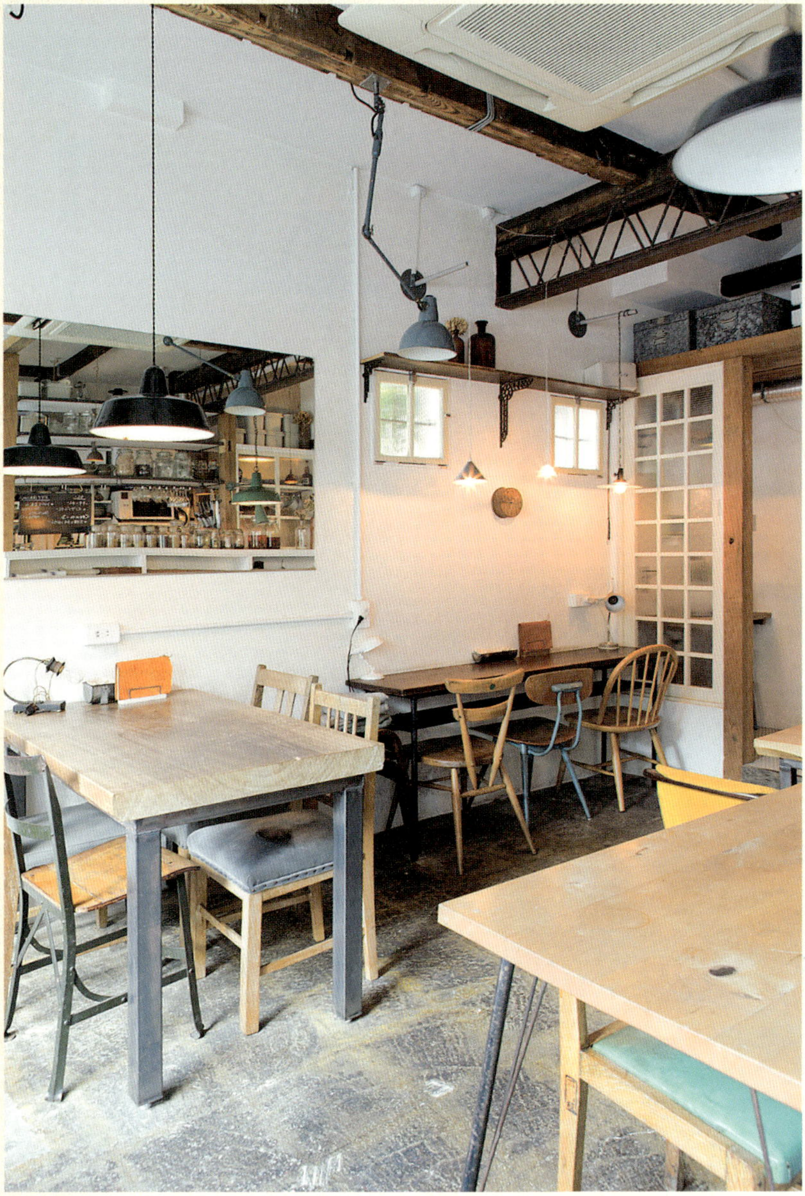

테이블마다 다른 디자인의 펜던트라이트를 설치하고 앤티크풍으로 통일감을 부여했다.

배선이나 건구도
인테리어로 사용!

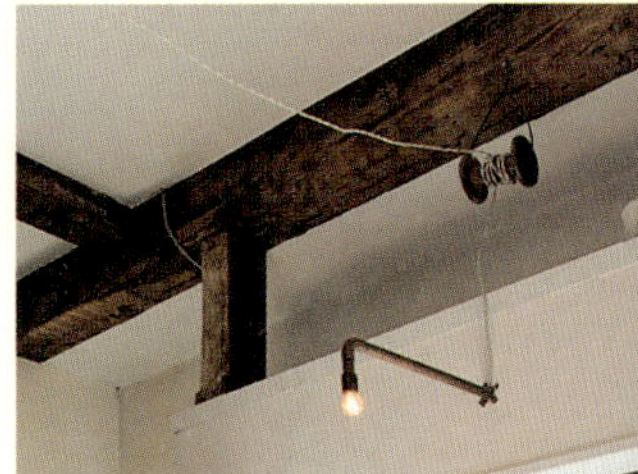

조명의 배선은 실타래로 감아서 조정하면 인테리어가 된다.

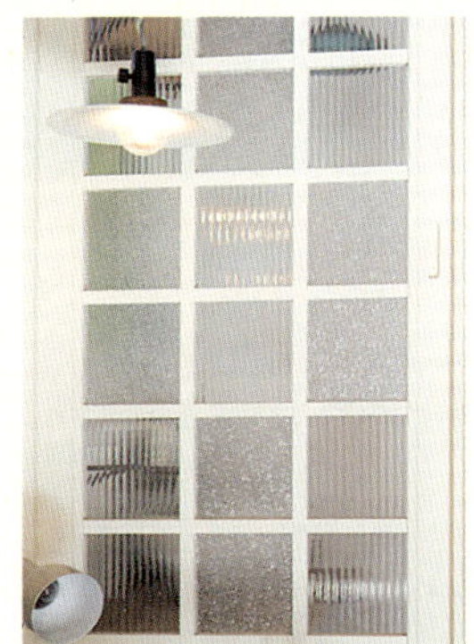

반투명 유리는 빛은 통과시키면서 시선을 차단하는 효과가 있다.

Memo

BGM이 은은하게 흐르는 가게 안은 가와이 씨가 좋아하는 가구나 잡화만 진열되어 있다. 감성을 중시해서 좋아하는 것을 고르는 것이 기분 좋은 공간을 만드는 포인트라고 한다.

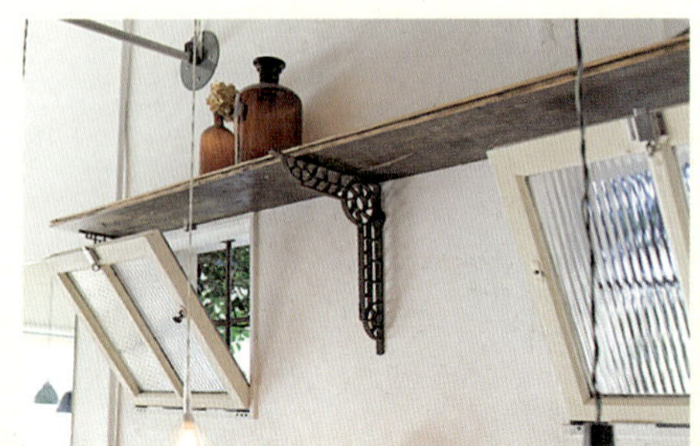

새로 설치한 공조용 작은 창. 물빛 창틀을 벽과 융화시키기 위해 흰색으로 칠했다.

홀과 주방의 출입구에는 집게로 와이어에
천을 고정해서 칸막이로 사용.

홀에서 주방의 안쪽이 보이지
않도록 수납장에 반투명 유리
를 달았다. 투명한 유리 부분에
는 고리를 달아 컵을 수납했다.

커트러리는 넣고 꺼내기 쉽도록 네팔
의 계량컵을 이용해서 보이도록 수납.

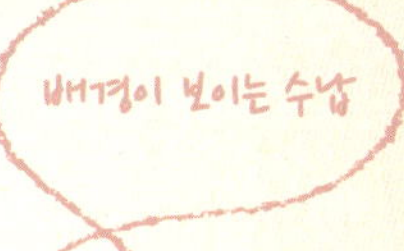

주방과 홀 뒤쪽의 칸막이를 오픈
선반으로 활용.

머그컵과 철제 코스터. 서로 다른
소재의 조합이 신선함을 준다. 코코
넛 풍미의 태국의 과자 '케놈바빈'
과 '홍차'.

원플레이트 경우 한 곳에 높이가
있는 머그컵을 얹으면 균형감이
생긴다. 카레와 반찬, 스프 등이
세트를 이룬 네팔의 대표적인 가
정요리 '달밧 세트'.

‘리폼 스케줄’ 체크

카페 스타일의 마이홈 완성까지

450days

집을 리폼하려고 할 때, 그저 막연하게 생각되던 부분이 점점 이미지와 구상을 갖춰가면서 최종적으로 '이런 집에서 이렇게 생활하고 싶다.'라는 분명한 콘셉트로 완성한 마이홈. 그 도중의 450일(15개월)! 이 기간이 짧아질지 길어질지는 오로지 당신에게 달려 있습니다. 리폼의 시작에서 완성, 그 후의 생활까지를 스케줄 칼럼과 함께 상세히 소개합니다.

Practical Toy
Sewing Machine

이바리키 현 S 씨(38세, 아내, 아이 1명)

디테일 하나하나에 꿈꾸던 이미지를 반영한 주방·거실·키친에서 '홈 카페'를 즐기는 여유로운 생활

무구재 마루를 비롯해서 가로 널은 솔송나무, 키친은 적송으로 만들어서 자연스런 감각을 높였다. 본래 들보는 인테리어로 사용할 수 없었기 때문에 키친 입구의 한 곳에 가짜 들보를 만들었다.

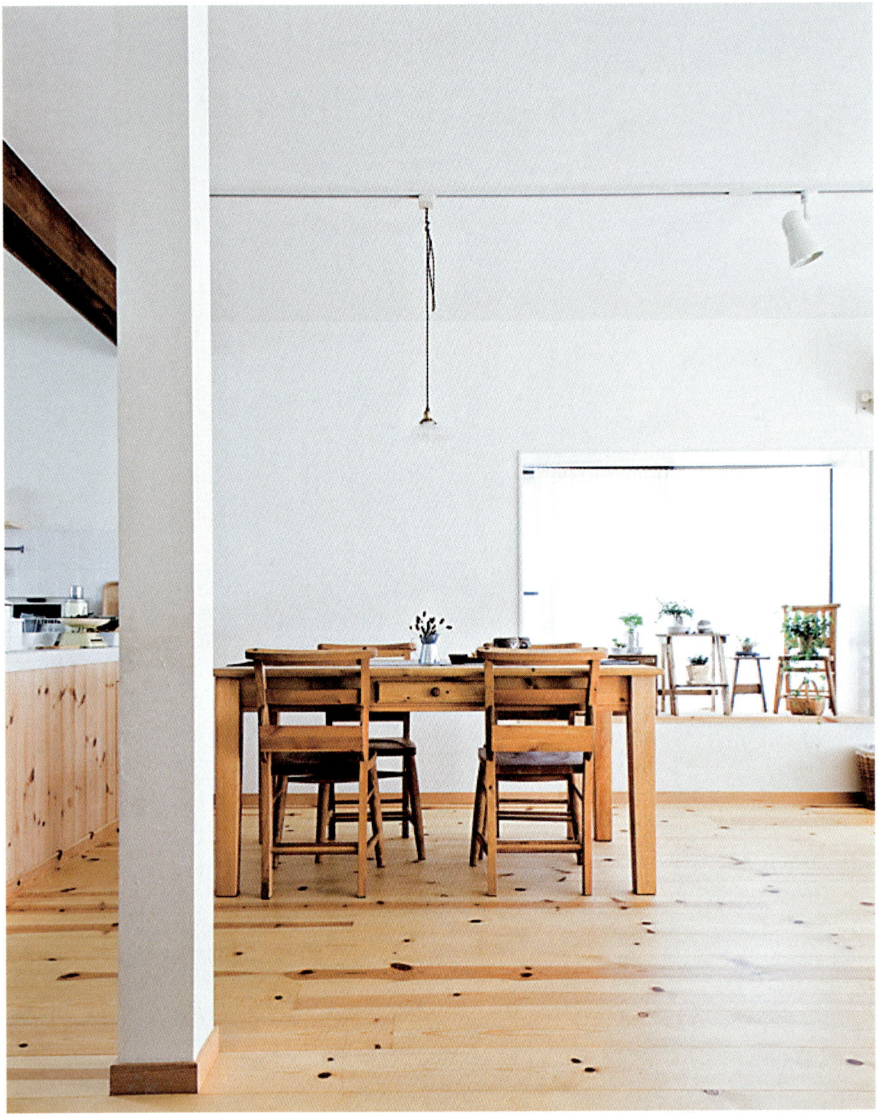

거실과 주방의 조명은 덕트 레일에 펜던트라이트를 달았다. 철거할 수 없던 기둥은 벽과 똑같은 벽지와 가로 널로 장식하고 넓은 공간의 악센트로 삼았다.

구조상 없앨 수 없던 키친 카운터 옆에는 내진벽을 만들었다. 비좁은 인상을 주지 않도록 버팀목을 설치하고 작은 창을 두 개 만들어서 통로와 카페 코너의 칸막이로 이용했다. 화분을 놓아서 상쾌한 느낌을 줬다.

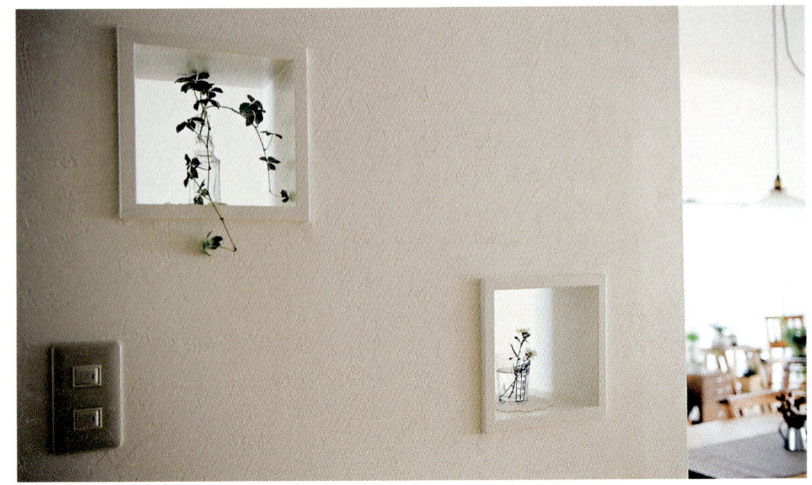

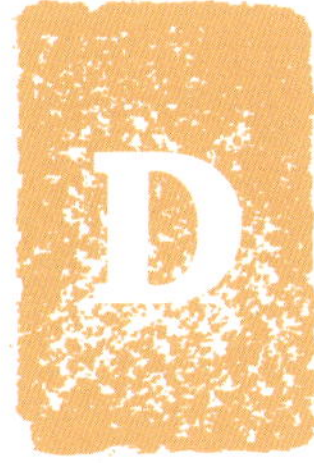

Dining

카운터 아래의 수납에는 주방 쪽에서 슬라이드 선반을 달아 전기밥솥을 놓았다. 키친 쪽에서는 사용하기 어렵던 공간을 활용하면서 가사 동선도 원활하게 했다.

편리성을 고려해서 양념 선반의 높이와 도구걸이의 폴 위치까지 세심하게 신경을 썼다.

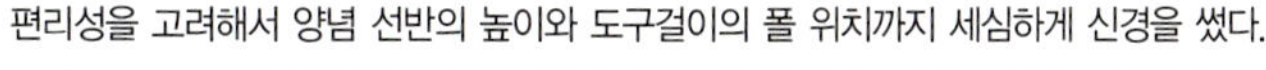

마지막까지 망설인 부분이 키친의 배치.
부인은 "어질러져 있어도 거실에서 보이
지 않아서 결과적으로 ㄴ자형이 정답이었
다."라고 한다. 에나멜 싱크대 주위는 같
은 소재의 아이템을 모아서 장식했다.

싱크대와 레인지후드도 흰색으로 맞춰서 밝고 가
벼운 인상으로 통일했다. 흰색의 카운터에 디스플
레이된 물건들이 비춰서 키친의 매력도 상승.

Kitchen

적송과 흰색의 타일을 조합한 오리지널 키친.
자연스런 디스플레이에 어울리는 심플한 가스
레인지는 도쿄 도 가스의 제품.

부인이 애착을 가지고 신경을 쓴 키친 카운터의 서쪽에 있는 카페 코너.
벽의 컵 선반과 보드는 부인이 직접 조립해서 만들었다. 벽에는 무거운
물건에도 견딜 수 있도록 미리 버팀재를 설치했다. 부인이 가장 좋아하는
장소로 항상 이곳에서 차를 끓인다.

 afe Corner

S 씨는 예산을 고려해서 '중고 물건을 리폼하는 편이 자신들의 이상을 실현할 수 있을 듯하다.'라고 생각했다고 합니다. 정원이 딸린 단독주택을 찾아보면서 리폼 의뢰처도 조사했습니다. 부인이 자주 보던 잡지에서 찾아낸 회사에 의뢰하기로 결정하고 그 회사의 리폼 사례를 찾아보면서 신중하게 결정했다고 합니다.

S 씨가 좋아하는 인테리어는 예스러움이 묻어나는 내추럴 컨트리. 그런데 입지와 넓이를 고려해서 구입한, 20년 이상 된 집은 남편조차 걱정할 정도로 전통적인 요소가 너무 강했다고 합니다.

부인은 잡지에서 자신의 이미지에 맞는 다양한 사진을 모아서 담당자와 논의를 거듭하면서 바라는 형태를 갖춰갔습니다. 그리고 될 수 있으면 타협하지 않기 위해 거실·주방·키친을 중심으로 하는 퍼블릭 스페이스에 힘을 쏟고, 욕실과 화장실은 심플하게 마무리하고 2층은 모두 직접 리폼을 하기로 했습니다. 이렇게 완성한 공간은 아늑하고 편리성에서도 크게 만족하고 있다고 합니다.

부인은 "친구들이 각자 음식을 준비해서 놀러오면 카페 코너에서 차를 만들어 대접합니다. 다양한 디스플레이를 고안하는 것도 즐거운 일입니다."라고 웃음을 지었습니다.

자신의 장기인 DIY로 새 가구를 만드는 아이디어도 계속해서 떠오르는 듯합니다.

이미지 형성과 상담 기간을 충분히 확보한다

완성 약 **15**개월 전	완성 약 **12**개월 전	완성 약 **7**개월 전	완성 약 **1**개월 전
물건 조사 개시	이미지의 고정	의뢰처와 계약	공사 착공
획기적인 방향전환이 이상적인 집 만들기에 다가가는 열쇠	**꼼꼼한 자료 확보가 이미지를 잘 전달하는 포인트**	**의뢰처와 메일로 자주 연락을 취한다**	**리노베이션의 상황과 정보는 의뢰처와 공유**
당초, 2개월 정도 신축 물건을 검토했지만 이상을 실현하려면 중고 물건을 리폼하는 편이 자신들에게 맞는다는 사실을 깨닫고 중고 단독주택으로 방향전환을 했습니다. 물건을 찾는 동시에 리폼을 의뢰할 회사도 찾기 시작하고 정보를 수집하면서 관심이 가는 회사들을 조사했습니다.	계속 물건을 찾던 중에 건축 설계사무소를 발견하고 그곳의 쇼룸을 방문해서 자신들의 이미지를 실현할 수 있다고 느끼고 결정. 물건을 정하지 못하는 와중에도 먼저 집의 이미지를 구체화하는 작업을 시작했습니다. 잡지 등에서 이상적으로 생각하던 집의 이미지에 가까운 사진들을 모은 자료를 만들어서 설계 담당자에게 희망사항과 함께 전달했습니다.	입지와 넓이 측면에서 이상적인 정원이 딸린 중고 주택을 발견하고 계약했습니다. 물건의 결정과 동시에 건축 설계사무소와도 계약을 체결했습니다. 그 후 의뢰처에 물건을 보여주고 본격적인 계획 수립을 하고 스타트. 서로 만나서 상의할 수 없을 때에는 의뢰처와 계속해서 메일을 주고받으면서 구체적인 계획을 조정해갔습니다.	S 씨가 구입한 물건은 아직 전 주인이 살고 있었기 때문에 전 주인이 이사를 한 후에 공사 개시를 했습니다. 공사가 시작되고 나서는 S 씨가 먼 곳에 있었기 때문에 현장을 자주 찾지 못했다고 합니다. 그래서 리폼의 현장 사진을 상세하게 메일로 받았습니다. 그 후 약 1개월이 지나서 리폼 공사가 완료됐습니다.

집에 들어오면 바로 보이는 장소에 디스플레이 공간을 갖고 싶어서 현관문 정면에 해당하는 벽에 벽감을 만들었다. 거실로 통하는 문은 의뢰처의 오리지널 제품. 체크문양의 유리가 인상적이다.

키친이었던 북쪽의 공간은 팬트리로 만들었다. 키친과 세면실을 이어주는 장소이자 가사 동선을 고려해서 세탁기도 이곳에 배치했다. 넓이를 확보해서 잣나무 바닥과 가구에 맞춰 어둡고 음침한 분위기를 일신했다.

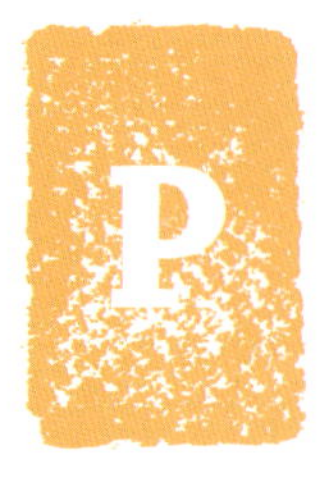

Pantry

세면실을 넓게 사용하고 싶다는 부인의 요청으로 세탁기를 두는 장소는 팬트리의 세면실 쪽에 놓았다. 욕실과 세면실에서 가깝고 세탁물 등을 옮기기 쉽다. 또 세탁을 하면서 키친이나 욕실에서 집안일을 하기 편리하고 동선도 원활하다.

Before

After

athroom

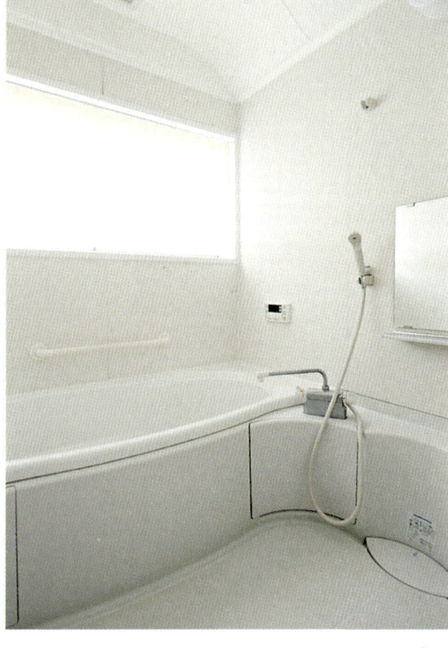

세면실은 두 사람이 들
어가도 여유가 있는 넓
이를 확보했다. 하부는
청소하기 쉽도록 문과
선반의 판재가 없는 수
납공간으로 만들었다.
타일 부분을 두텁게 해
서 고급스러움을 연출
했다. 거울과 벽의 수납
선반은 DIY.

이전 욕실에는 감색의 타일 벽에 스테인리스의 작은 욕조
가 있었다. 사적인 공간은 비용을 들이지 않기 위해 스페
이스에 맞는 사이즈의 심플한 유니트를 사용.

anitary

화장실은 기본적인 부분만 설비와 내장을 리폼
했다. 수건걸이와 휴지걸이는 시중에서 파는 제
품 중에 마음에 드는 것을 구입해서 직접 설치
해서 경비를 절감했다.

아이가 뛰어놀 수 있는 개방된 거실 · 주방 · 키친으로 만들기 위해 인접한 다다미방을 터서 넓은 공간을 확보해서 개방감이 뛰어나다. 오른쪽에 있는 책상은 가사 스페이스와 아이가 공부하는 책상을 겸한 '일체형' 공간이다. 벽은 회칠을 한 것처럼 보이는 직물 벽지를 붙였다.

Living & Dining

DATA / PLAN

공사비 내역

키친	1,661만 원
욕실	661만 원
세면실	433만 원
화장실	244만 원
합계	**2,999만 원**

＊위는 모두 시공비, 운반반입비, 설비기기 포함

Data

- 주거 형태 : 단독주택
- 설비기기 : 키친 - 가스레인지, 환풍기, 수전, 욕실 - 시스템 욕조, 세면실 = 세면기, 수전, 화장실 - 변기
- 면적 : 키친 - 9.26㎡(2.8평), 욕실 - 3.31㎡(1평), 세면실 - 3.31㎡(1평), 화장실 - 1.66㎡(0.5평)
- 완성 연도 : 2008년 3월(공사기간 약 40일)
- 설계 : 피즈 · 서프라이

리폼 계획에서
마감 인테리어까지

'홈 카페'를 실현시키기 위한 3단계

지금까지 소개한 집과 같이 개성이 톡톡 튀는 카페 스타일로 당신의 집도 리폼해보지 않겠습니까? 여기에서는 이상적인 집을 손에 넣는 노하우, 플랜 설립의 힌트, 가구 선택의 비결 등 카페 스타일로 꾸미는 데 중요한 세 가지 테마에 대해서 알기 쉽게 소개합니다.

'카페 리폼' 방법

카페 스타일을 즐기는 플랜 9

카페 인테리어 코디네이트

Chapter 1

초보자도 할 수 있는
'카페 리폼' 방법

멋진 카페 스타일을 실현하기 위해 알아두어야 할 포인트와 성공 비결을 완전 공개합니다.
'리폼을 처음 하는 사람'이라도 계획에서 완성까지의 흐름을 한눈에 파악할 수 있도록 단계에 따라 기초지식 등과 함께 설명합니다. 먼저 이것을 읽고 나서 '카페 스타일 생활'을 향한 한 걸음을 내딛으십시오.

取材協力／スタイル工房

노하우 기초편

1
Step

리폼 상담과 의뢰처를 찾으려면

정보를 수집해서 신뢰할 수 있는 회사를 선택

리폼에 대해 생각하기 시작할 때부터 '어떤 집으로 만들까.' 하는 다양한 정보를 모으는 사람이 많을 것입니다. 어쩌면 정보를 수집하면서 리폼할 집을 찾고 있는 사람도 있을 것입니다. 보다 구체적이고 명확하게 리폼을 하기 위해서라도 먼저 의뢰처를 고르십시오.

리폼을 의뢰할 수 있는 곳은 설계사무소, 리폼 전문회사, 하우스메이커의 리폼 부문, 건축회사, 키친 회사, 주택설비기기 회사, 인테리어숍까지 다양합니다. 그 중에는 물건을 찾을 수 있도록 상담을 해주는 곳도 있습니다. 그 외에도 물건이나 건축가 등을 소개해주는 전문 코디네이트 회사도 있습니다.

어떤 방법을 선택하든지 잡지나 인터넷, 지인을 통해 최신정보를 얻어서 당신이 신뢰할 수 있는 회사를 찾으십시오.

2 Step

자신이 어떤 집을 원하는지 파악했다면

계획에서 완성까지 전문가와 상담해서 진행한다

리폼의 의뢰처나 물건이 결정된 후에는 어떤 식으로 진행될까요?

먼저 자신들의 희망사항을 정리하십시오. 예를 들어 가족의 취향과 생활 스타일을 정리하면 좋아하는 색과 가지고 있는 물건의 종류와 양, 집에서의 하루 동선 등을 파악할 수 있어서 리폼 계획을 세울 때 도움이 됩니다.

경우에 따라서는 '거실을 넓게 쓰려고 생각했는데 실제로는 아담한 사이즈의 거실이 되어버리는 경우'도 있을 수 있습니다. 또 현재 살고 있는 집에서 걱정되는 부분을 리스트로 만들면 필요한 리폼의 규모(전면 리폼이나 부분 리폼)를 파악할 수 있습니다.

이렇게 자신들의 희망사항을 정리한 후에는 상담을 하고 도면을 수정하면서 계획을 완성해갑니다. 동시에 예산도 구체적으로 잡아갑니다. 리폼의 내용을 파악했다면 견적서를 뽑아본 후에 계약을 진행합니다. 그 다음이 공사, 완성입니다.

Step 3

리폼의 내용에 따라 공사기간은 다양.

추가 경비의 발생에도 대비

공사기간은 리폼 내용에 따라서 달라집니다. 예를 들어 변기 교환은 몇 시간, 시스템키친 교환은 며칠, 스켈톤 리폼은 1~2개월 정도입니다.

또 경비는 설비교환은 설비기기 비용과 설치한 공사비 등으로 끝납니다. 의뢰처에 따라서는 공사 내용이 정가제로 정해져 있는 경우도 있습니다. 어느 경우든 바닥을 뜯어냈더니 상태가 부패해 있는 경우처럼 도면상이나 사전에 예상하지 못한 추가 공사가 발생하는 경우가 있기 때문에 예산은 여유 있게 대비하는 것이 좋습니다.

4 Step

자신의 감성에 맞는 사진을 모아서

기본 이미지로 삼을 자료를 만든다

희망사항을 형태로 보여주기 위해 자신이 좋아하는 사진과 잡지의 이미지를 모아서 그 이유를 적은 다음 스크랩으로 만드십시오. 자신의 이미지 형성에 도움이 될 뿐 아니라 의뢰처에 보여주면 말로 표현하는 것보다 큰 도움이 됩니다.

또 소재나 색상을 선택할 때 스크랩을 참고하면 낭패를 줄일 수 있습니다. 바로 스크랩은 이미지를 중요하게 생각하는 사람에게 바이블과 같은 존재입니다. 반드시 자신만의 바이블을 만드십시오.

5 Step 맨션이나 단독주택에 따라 '가능·불가능'이 있으니 주의한다

[맨션]

맨션은 공용 부분과 전용 부분이 있습니다. '공용 부문'이란 맨션을 소유하고 있는 사람 모두가 사용하는 부분을 말합니다. 가령 입구 로비, 복도, 건물의 외벽과 지붕, 파이프 스페이스 등이 여기에 해당합니다. 이 외에도 주거의 발코니나 현관문 등과 같이 의외라고 생각되는 곳도 포함됩니다. 이들 공용 부분은 리폼을 할 수 없는 경우가 많으니 주의하십시오.

한편 '전용 부분'이란 그 주거에 사는 사람의 전용 공간으로 현관문의 안쪽에서 발코니나 창, 외벽과 옆집과 구분하는 벽을 포함한 범위입니다. 현관문과 창, 콘크리트의 구조체 안쪽이 전용 부분에 해당되지만 밖으로 연결되는 창이나 문을 새롭게 만드는 것은 기본적으로 불가능합니다.

실은 맨션에는 '관리규약'이라고 해서 공용 부분과 그것의 이용방법을 정해놓거나 리폼 등에 제한을 둔 규약이 있습니다. 사전에 관리규약을 확인하고 가능한 부분과 불가능한 부분을 확인해야 합니다.

그 외에도 '건축기준법'이라는 법률로 여러 가지 사항이 정해져 있기 때문에 분명하게 체크하십시오.

[단독주택]

비교적 리폼을 하기 쉬운 것이 단독주택입니다. 하지만 구조·공법에 따라서는 불가능한 부분이 있기 때문에 주의해야 합니다.

먼저 '목조축조공법(木造軸組工法)'은 기둥·들보·버팀목으로 건물을 지탱합니다. 그래서 이것들을 철거하는 것은 기본적으로 불가능합니다. 그러나 다른 부분을 보강하면 철거할 수 있기 때문에 구조를 변경하기 쉬운 공법이라고 할 수 있습니다.

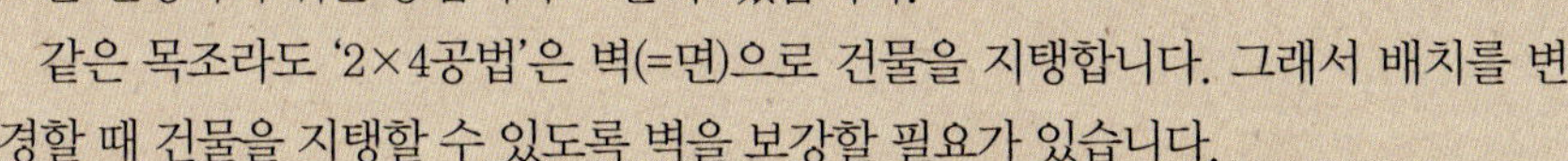

같은 목조라도 '2×4공법'은 벽(=면)으로 건물을 지탱합니다. 그래서 배치를 변경할 때 건물을 지탱할 수 있도록 벽을 보강할 필요가 있습니다.

나무 이 외를 구조물로 하는 공법에서는 '철골조'나 '철근콘크리트조'가 있습니다. '철골조'는 철골의 기둥이나 들보로 건물을 지탱하기 때문에 구조를 변경하기 쉽고, '철근콘크리트'의 라멘(Rahmen)구조도 벽을 철거하기 쉬워서 구조를 변경할 수 있습니다.

그러나 같은 '철근콘크리트'라고 해도 벽식 구조는 벽과 바닥으로 건물을 지탱하기 때문에 이것들의 내력벽은 없앨 수 없습니다.

그 외에 증축하는 경우는 건폐율과 용적률의 범위 안에서 해야 하는 등 건축기준법에 따르지 않으면 할 수 없습니다.

용 어 해 설

- 구체 : 기둥, 들보, 벽 등 건물의 주요 구조체.
- 버팀목 : 벽에 목재를 비스듬히 걸쳐 강도를 높인 것.
- 칸막이벽 : 공간을 나누기 위한 벽(비내력벽).
- 내력벽 : 수직으로 가해지는 힘(무게)이나 가로로 당기는 힘이 가해져도 건물을 지탱할 수 있는 벽.
- 건폐율 : 부지면적에 대한 건축면적(위에서 본 건물의 외벽을 중심선으로 둘러싼 면적)의 비율. 지역에 따라 허용한도가 정해져 있다.
- 용적률 : 연상면적(각층 합계)을 부지면적으로 나눈 비율.

6 Step

멋진 카페 스타일을 만들기 위해

어디까지 변화를 줄 수 있는지 포인트를 체크

1층의 거실·주방·키친의 칸막이벽과 천정을 철거하고 들보를 노출한 개방감이 풍부한 공간. 주방·키친과 L자의 사이에 있는 내력벽은 일부러 버팀목을 노출해서 시야를 넓혔다. ①

　넓고 개방된 공간은 여유로워 기분이 좋아지게 합니다. 맨션이나 단독주택이라도 방이 칸막이벽으로 구분되어 있는 경우는 과감하게 벽을 철거하고 공간을 넓힐 수 있습니다. 천정 자재도 철거하고 상층을 지탱하는 들보를 노출하면 개방감은 한층 높아집니다.

　목조 단독주택 등에서는 상부의 일부를 철거할 수 있는 경우가 있기 때문에 2층까지 연장한 크고 높은 천정을 만드는 것도 꿈이 아닙니다. 최상층이라면 지붕 형상을 살리면서 역동적인 공간으로 만들 수도 있습니다.

수도 관련 시설

수도 관련 시설을 이동하는 경우, 수도 등의 배관이 이동 가능한지가 포인트. 특히 맨션의 경우는 바닥과 구체 사이에 높이가 있어서 배수관에 필요한 구배를 확보할 수 있으면 구조를 바꿀 수 있습니다. 이것이 어려운 경우에는 바닥을 올리는 방법도 있으니 의뢰처에 상의하십시오.

단독주택은 창과 문의 교환·신설·이동이 가능합니다. 하지만 위치나 크기, 개폐방법에 따라서는 어려운 경우도 있으니 확인을 하십시오. 또 방재 기능을 요하는 부문이나 방화지역 등에서는 기능적인 측면에서 제한이 있습니다.

한편 맨션의 경우는 창이나 현관문의 신설·교환·이동은 어렵기 때문에 안창을 달거나 현관문의 안쪽을 칠하는 등 가능한 사항을 확인하십시오. 전용 부분의 실내문과 장식창은 교환·신설·이동이 가능합니다.

창·문

벽이었던 곳에 유리블록을 끼워서 채광용 창을 새로 만들었다. 벽의 두께를 이용해서 창가를 디스플레이 코너로 만들었다. ②

테라스

카페 스타일로 만들려고 한다면 발코니도 잘 꾸미고 싶은 것이 인지상정. 맨션 등 규제가 많은 경우는 데크용 자재를 깝니다. 또 단독주택이라면 과감하게 증설을 하기도 합니다. 천정이나 벽을 만들면 증축으로 간주하는 경우가 있으니 주의하십시오.

거실 창가에 테라스와 바닥의 높이를 맞춘 실내 테라스를 설치, 데크와의 일체감이 향상되고 야외 기분을 맛볼 수 있다. ③

사진 : ① 치바 현 I 씨의 집(AI공간디자인실) / ② 사이타마 현 O 씨의 집(OKUTA LOHAS studio) / ③ 가나가와 현 S 씨의 집(倉田裕之/건축·계획사무소)

노하우 응용편

7 Step — 키친을 만드는 방법과 주방·키친의 연결을 카페처럼 아름답게 하는 포인트

[키친 레이아웃]

카페 스타일로 리폼을 완성하는 데 있어 취향과 디자인에 집착하는 것은 중요하지만 잡다한 물건이 보이면 모든 것이 헛수고로 돌아가기 때문에 일상용품을 어떻게 숨기는가가 키포인트입니다.

대면식이라면 카운터의 윗부분을 약간 높게 설정해서 일하는 손이 보이지 않도록 하면 좋습니다. 아일랜드나 반도형은 키친 자체에 물건을 넣는 장소를 만들기 어렵기 때문에 가까운 곳에 대형 팬트리나 벽면 수납을 만들어서 보여주고 싶지 않은 물건을 넣도록 하십시오.

또한 키친은 실제로 사용하기 편리해야 합니다. 음식을 만들 때 원활하게 움직일 수 있도록 아래의 기본 레이아웃에서 자신에게 맞는 키친을 찾으십시오. 조리대를 넓게 하면 일하기도 쉽고 편리합니다. 참고로 한 사람이 사용하기 편한 키친의 통로 폭은 80cm 이상입니다. 두 사람의 경우는 90~120cm 정도면 좋습니다.

싱크대와 IH 쿠킹히터를 좌우에 배치한 2열형 키친. 일상의 가전제품은 카운터 아래에 넣어뒀다. ④

키친의 기본 레이아웃

l형

싱크대와 가스레인지를 1열로 배치한 타입. 좌우의 일직선으로 움직일 수 있는 점이 특징이지만 간격이 너무 멀면 이동 거리가 멀어지기 때문에 주의가 필요.

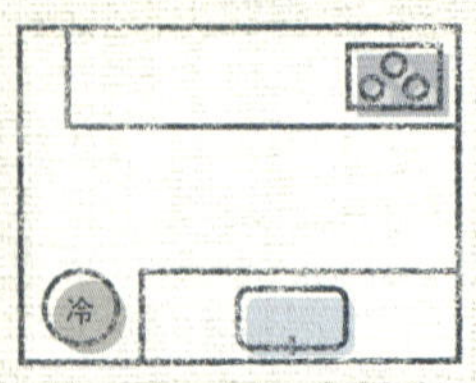

2열형

2열로 배치한 카운터에 싱크대와 가스레인지를 나눠서 레이아웃. 싱크대와 가스레인지가 마주보도록 하지 않고 위치를 엇갈리게 하는 편이 사용하기 편리하다.

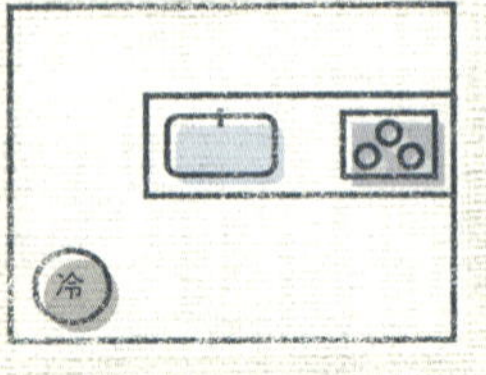

반도형

싱크대와 가스레인지를 설치한 카운터의 주변에 벽에 접한 상태로 마치 반도럼 키친이 튀어나온 타입.

아일랜드

싱크대와 가스레인지를 설치한 카운터를 섬처럼 키친 중앙에 배치한 타입. 카운터를 회유할 수 있어서 동선도 원활하다.

[주방과 키친의 동선]

카페 스타일을 즐기고 싶다면 키친과 주방의 연결에도 신경을 써야 합니다. 먼저 카페 스타일의 주방과 키친에 필요한 것은 손님이나 가족과 마주하면서 일을 할 수 있는 공간의 확보입니다. 서로 얼굴을 보고 대화하면서 음료를 내어주고 과자나 음식을 준비하면, 일을 하는 동안에도 서로 커뮤니케이션을 취할 수 있어서 즐겁습니다.

특히 오픈 스타일의 아일랜드 키친의 경우는 주방 테이블을 키친과 일직선으로 연결하면 동선이 편리하고 손님이나 가족과 함께 요리와 식사를 하면서 재미있게 시간을 즐길 수 있습니다.

또 키친이 벽을 향해 있어도 키친과 주방 사이에 카운터를 설치해서 대면식으로 만들면 카페 스타일로 바꿀 수 있습니다. 물론 요리에 집중하고 싶거나 키친을 보여주고 싶지 않은 사람은 편하게 사용할 수 있도록 닫힌 스타일로 만들 수도 있습니다. 커뮤니케이션을 취하고 싶지만 키친이 들여다보이는 것에 거부감이 있는 사람은 세미 클로즈드로 할 수 있습니다. 모두가 편안하게 지낼 수 있는 주방과 키친을 만드십시오.

벽 쪽에 설치한 I형 키친에 그보다 약간 높은 카운터를 추가. 이 카운터가 서빙을 하는 공간이 된다. ⑤

반도형 키친은 설거지나 요리를 하면서 주방에 있는 사람과 대화를 나눌 수 있다. 주방과 키친의 문을 칠판처럼 칠해서 '오늘의 메뉴'라고 쓰면 카페처럼 연출할 수 있다. ⑥

아일랜드 키친에 주방 테이블을 배치한 주방과 키친. 모두 함께 요리나 정리, 식사, 대화 등을 즐길 수 있다. ⑦

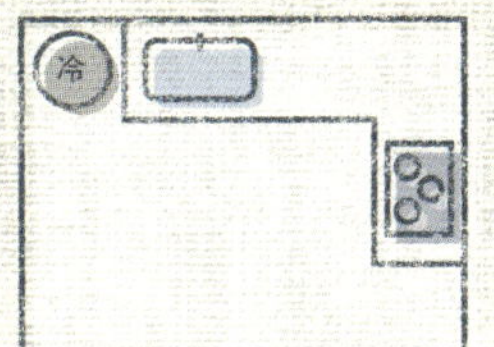

하나로 연결된 카운터에 싱크대와 가스레인지를 L자로 배치. 동선이 짧고 코너 부분까지 작업 공간으로 사용할 수 있는 점이 특징.

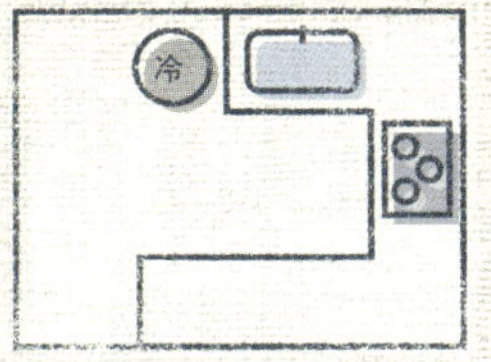

U자로 연결된 카운터에 싱크대와 가스레인지를 레이아웃. 작업 공간인 조리대를 넓게 확보할 수 있는 점이 특징.

사진 : ④ 도쿄 도 U 씨의 집(田中亞沙美 + 에토라디자인)
사진제공 : ⑤, ⑥, ⑦ 스타일공방

8

카페 같은 분위기를 연출하는 내장재는 따스함과 비일상성이 키워드

[천정]

콘크리트로 지어진 집이라면 카페에서 흔히 볼 수 있는 것처럼 천정을 트고 구체 형태의 콘크리트에 투명한 보호재를 칠해서 마감하거나 흰색 도료를 칠하면 카페 분위기를 훨씬 잘 연출할 수 있습니다.

목조인 경우에도 천정을 도료로 마감하면 따스함이 느껴지는 '옛날 카페'와 같은 분위기를 연출할 수 있습니다. 그 외에 구조를 불문하고 규조토나 회칠, 판재 등을 사용하는 것도 좋습니다.

한편 비닐 벽지는 주택에서 흔히 사용되는 소재이기 때문에 카페와 같은 '비일상성'을 연출하고 싶은 경우는 디자인이나 질감 등을 충분히 고려해서 선택하십시오.

천정을 뜯어내서 구체의 콘크리트가 그대로 드러나도록 했다. 질감을 살리기 위해 표면에 보호재를 칠했다. ⑨

천정에 오크 자재를 깔아서 나무의 온기가 느껴지는 자연스런 거실·주방·키친으로 완성. 콘크리트 구체에 의한 요철이나 노출된 배관을 감추기 위해 기존의 높이보다 내려서 깔끔하고 아름다운 천정으로 마감했다. ⑧

[벽]

　카페에서 벽을 마감할 때 비닐 벽지가 아니라 흔히 사용하는 방법으로는 콘크리트의 노출을 비롯해 도장, 고재, 타일 등으로 모두 집에서도 사용할 수 있는 소재들입니다.

　자선이 좋아하는 색의 페인트를 벽의 전면이나 한쪽 면에 칠합니다. 방마다 다른 색을 칠하는 경우도 많고 회칠이나 규조토를 사용하는 경우도 늘고 있습니다. 페인트로 칠하는 경우에는 벽지를 바른 기존 벽면 상태가 좋다면 표면을 정돈해서 칠하는 타입도 있습니다. 회칠이나 규조토도 기존의 벽지에 시공할 수 있는 타입이 있으니 먼저 확인을 하십시오.

　요즘 인기가 많은 것은 모자이크 타일입니다. 키친이 기성제품이라고 해도 주변의 벽과 카운터에 잘 어울리게 조합하면 귀여운 코너로 마감할 수 있습니다.

고요전(古窯磚) – 중국 상해 지구의 오래된 건물을 해체했을 때 나온 벽돌. 붉은색과 검은색 2종류가 있으며 제품의 성질상 입하시기에 따라 색과 크기에 차이가 있다. 수입품. 중국제. 설계 가격 69,300원/㎡ ⓒ

천연 스위스 회칠 컬크월(CalkWall) – 알프스의 석회석을 주성분으로 반년 정도 숙성시킨 전통적인 제법으로 만들었다. 가격 117,600원부터~/10kg
리보스 칼데트(LIVOS KALDET) – 유기재배로 키운 아마인유(亞麻仁油)가 나무를 보호해준다. 54,600원/0.75L ⓐ

크로이츠 – 벽돌 이미지의 작은 꽃 문양과 미니보드가 벽면에 따뜻한 인상을 주는 타일. 수제 질감을 살리기 위해 형상과 크기에 약간의 불균형을 주었다. 도자기 제품 특유의 농담이 있다. 일본제. 설계 가격 126,000원/㎡ ⓒ

패스카드 – 가는 나뭇잎을 모티프로 한 디자인이 매력적인 타일. 연속되는 잎의 모양과 밝은 색의 농담이 키친을 비롯해서 물을 사용하는 장소에 잘 어울린다. 컬러의 종류는 6가지. 일본제. 설계 가격 97,650원/㎡ ⓒ

[바닥]

카페는 신발을 신고 들어가지만 주택은 신발을 벗어야 합니다. 그래서 카페에서 흔히 보는 콘크리트를 노출한 마감이나 고재의 바닥재 등을 주택에 사용하는 경우에는 주의가 필요합니다. 특히 고재의 바닥재는 분위기가 좋아서 사용하고 싶어 하는 사람이 많지만 건설현장에서 사용되기 때문에 못이 박혀 있고 페인트나 녹이 묻어 있는 경우가 있기 때문에 이런 특징들을 이해하고 난 후에 사용해야 합니다. 고재의 분위기를 맛보고 싶다면 에이징 가공된 것을 대용하는 방법도 있습니다. 또한 오크 등의 딱딱한 수종도 자주 사용됩니다.

주택에서 사용한다면 오크 무구 플로링이나 판재의 폭이 넓은 타입을 선택하십시오. 오일 마감으로 광택을 내면 한층 카페 같은 분위기를 낼 수 있습니다.

타일을 사용한다면 물건을 떨어트리는 경우가 있기 때문에 진짜처럼 보이는 플로어 타일을 사용하는 것도 좋습니다.

물이나 청소가 걱정되는 장소에는 바닥 타일을 쓰면 좋다. ⑪

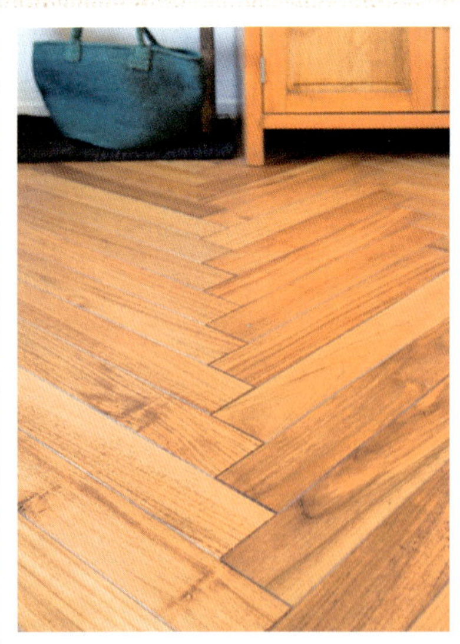

티크의 무구재를 사용해서 물고기 뼈를 모방한 헤링본으로 마감한 바닥. ⑩

목제 시스템키친에 대형 사이즈의 흑목석 타일을 깔아서 세련된 공간을 분위기를 연출. ⑫

T-5C-180-철제 녹이 쓴 삼나무 바닥재 (고재풍) - 독자적인 제법으로 5mm로 자른 삼나무 바닥재를 고재풍으로 마감한 판재. 바닥, 벽, 천정, 가구, 건구 등에 사용할 수 있다. 20장들이 가격(3.276㎡) 124,000원(운송비 포함) ⑥

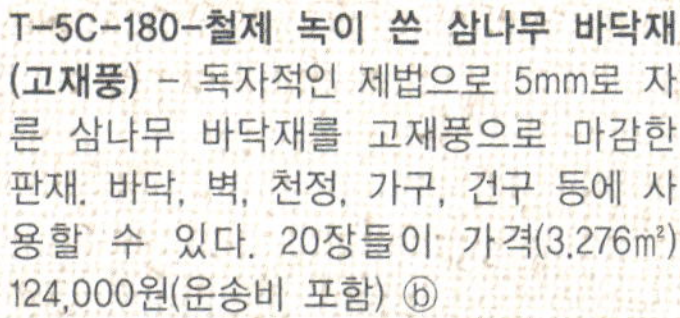

삼나무 발판재(고재) - 건설현장에서 사용한 발판재를 재활용. 두께 35mm의 볼륨이 매력적이다. 못은 뺐지만 녹이 쓴 스템플러의 철침과 같은 자국은 그대로 살렸다. 5장들이 가격 (1.99㎡) 110,000원(운송료 포함) ⑥

 **Step** 문과 안창, 파트, 조명, 수납은
디자인을 중시해서 한 단계 위의 연출을

[건구 · 파트]

　디자인과 소재의 질감같이 세심한 부분까지 신경을 쓰면 공간을 훨씬 매력적으로 완성할 수 있습니다. 그중에서 실내의 문에 신경을 쓰는 사람들은 오리지널 디자인과 리메이크한 앤티크 문을 다는 경우도 많습니다. 기존의 문을 사용하더라도 문고리의 디자인과 형태를 놋쇠나 유리, 도기류 등으로 바꾸면 인상이 크게 달라집니다. 문이나 문고리를 교체할 때 주위에 상처가 나는 경우가 있으니 주의하십시오.

　또 스탠드글라스나 격자창 등, 인테리어를 위해 안창을 다는 경우도 많고 스위치보드나 수전처럼 세심한 부분까지 신경을 쓸 곳은 많이 있습니다.

카운터 키친의 벽 쪽에 격자로 디자인된 안창을 달아서 키친에 포인트를 주었다. 옅은 푸른색을 칠한 벽에 창틀의 하얀색이 눈에 도드라진다. (14)

현관홀과 거실을 연결하는 실내의 문은 바둑판 유리를 끼워 인테리어 취향에 맞춰 짙은 갈색으로 도장을 했다. (13)

오래 사용한 듯한 질감이 드
는 거실 스위치 패널. (15)

마치 보석처럼 세심하게 커
팅된 유리가 아름다운 문의
손잡이. (16)

독특한 색감과 향수를 불러
일으키는 디자인이 인상적인
앤티크풍의 수도꼭지. (17)

[조명 · BGM]

조명은 키친과 주방에 펜던트를 2~3개 달면 카페 분위기가 한층 살아납니다. 천정에 조명레일을 달고 복수로 사용하면 위치도 바꿀 수 있고 빛을 연출하기도 쉽습니다. 조광식은 밤의 카페 기분도 낼 수 있습니다.

또 카페에 빼놓을 수 없는 BGM은 리폼할 때 스피커의 위치를 정하면 됩니다. 프로젝터도 마찬가지입니다.

2개의 펜던트라이트를 단
주방 카운터. (18)

사진의 비즈램프처럼 디자인
과 색이 아름다운 조명은 인
테리어 악센트로 활용. (19)

[수납]

키친은 보이고 싶은 것과 보이고 싶지 않은 것을 잘 구분해서 수납하십시오.

인테리어로 활용하기를 권하는 것은 오픈 선반에 진열하여 보여주는 수납입니다. 치워두는 물건의 색상과 형태에 신경을 쓰면 멋진 인테리어를 완성할 수 있습니다.

또 벽의 두께를 활용한 벽감은 보여주는 수납과 디스플레이 선반으로 사용할 수도 있어서 허전한 벽의 연출에도 효과적입니다. 단 구체나 내력벽에는 만들 수 없으니 주의하십시오.

'보이고 싶지 않은 수납'에는 대형 팬트리나 벽면 수납이 효과적입니다. 무엇이든 넣을 수 있고 냉장고까지 넣어둘 수 있으면 키친은 한층 깔끔해 보입니다. 또 자주 사용하지만 보이고 싶지 않은 물건은 문이 달린 선반이나 주방에서 보이지 않는 오픈 선반을 이용합니다.

'보이고' '보이지 않는' 것을 잘 구분해서 사용하기 편하고 아름다운 키친을 유지하십시오.

벽이 딸린 I형 키친에 아일랜드 카운터를 설치하고 찬장과 카운터 문을 달아서 마치 가구처럼 보이는 키친을 완성했다. 카운터의 키친 안쪽은 오픈 수납으로 만들었고 주방 쪽은 문이 달린 수납으로 활용했다. (20)

벽에 만든 벽감은 아치형을 본떠 인테리어성을 높였다. (21)

매일 사용하는 조리기구는 도구걸이에 깔끔하게 진열해서 걸어두었다. 양념을 넣어두는 용기도 예쁜 것으로 골랐다.(22)

벽면에 오픈 선반을 만들고 위쪽 선반에는 사각의 슬라이드 문을 달았다. 이동식 문으로 선반의 물건을 보이거나 감출 수 있어서 수납 자체를 아름다운 인테리어로 활용했다. (23)

싱크대 앞의 창에 선반을 만들고 커트러리를 담아두거나 좋아하는 유리식기가 보이도록 수납하는 곳으로 활용. 햇빛이 유리창을 비추면 아름답다. (24)

넓은 팬트리는 저장식품 이 외에 냉장고 등을 넣고, 물건들을 감추는 공간으로 활용. 오픈된 입구여서 출입하기도 편리. (26)

키친의 뒷면에 유리문이 달린 벽면 수납을 설치했다. 냉장고 등의 가전제품도 여기에 놓아두었다. 미닫이문을 열면 오픈되어서 사용하기 편리하다. (25)

Chapter 2

카페 스타일을 즐기는 플랜 ⑨

키친을 만들 때, 누구나 자신에게 맞도록 사용하기 쉽도록 만들어진 것을 바랄 것입니다.
하지만 카페 스타일을 즐기고 싶은 사람이라면 플러스알파의 '개성'을 바라지 않을까요?
즐겁게 대화를 나눌 수 있는 레이아웃, 접대하기 쉬운 동선, 항상 깔끔하게 보이는 수납,
기분 좋게 생활할 수 있는 쾌적성 등, 키친을 사용하는 사람뿐 아니라 가족과 손님도 즐겁게
보낼 수 있는 구조에 대한 위한 힌트를 찾아보십시오.

Before

Plan

아일랜드

거실과 주방을 조망할 수 있는 아일랜드 키친으로 대화를 나누기 쉽고 일하기 편한 공간을

이전의 거실·주방·키친은 키친을 감추 듯 커다란 벽으로 차단해서 주방과 왕래가 불편했습니다. 그래서 '요리를 하면서 고립된 것 같은 느낌이 받고 싶지 않다'는 부인의 요청에 따라 벽을 철거하고 약 20평의 넓은 거실·주방·키친으로 변경했습니다.

키친도 직선으로 이동할 수밖에 없었던 I형에서 어느 방향으로도 이동할 수 있는 아일랜드로 변경하고 거실과 주방을 바라보며 일할 수 있도록 배치해서 움직이기 편하고 가족과의 대화도 즐길 수 있는 키친으로 다시 태어났습니다. 또 가스레인지 옆의 벽면 수납에는 오븐이나 전자레인지를 배치해서 작업 효율도 한층 향상시켰습니다. (가나가와 현 S 씨의 집 / 倉田裕之 / 건축·설계사무소)

Plan

2

**대화를 나눌 때,
요리에 집중할 때,
상황에 맞게 구분**

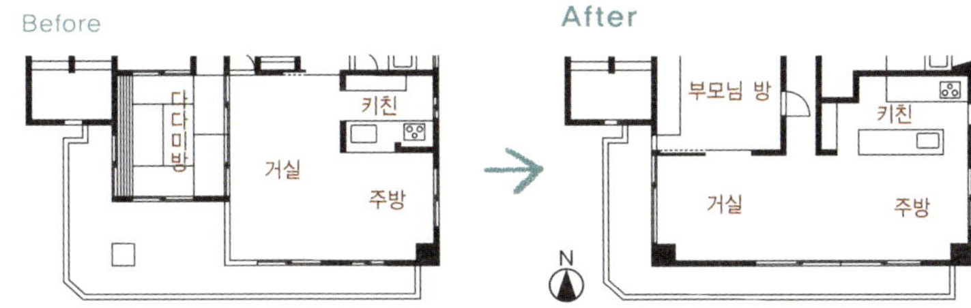

I형의 조밀하던 키친을 세 명의 딸과 함께 사용할 수 있도록 2배 넓이의 아일랜드 키친으로 만들었습니다. 아일랜드 카운터에는 싱크대를 놓고 벽면의 카운터에는 가스레인지를 놓아서 불을 사용하는 요리에 집중할 수 있고, 상을 차리거나 치울 때는 즐겁게 대화를 나눌 수 있게 되었습니다. (도쿄 도 K 씨의 집 / 나야 건축설계사무소)

Plan

3

**아이의 모습을 보면서
가사에 전념할 수 있고
외관도 아름다운 키친으로**

이전은 작은 창으로 밖의 거실과 주방을 볼 수 없었고 길이가 짧은 카운터도 불편했습니다. 그래서 주방을 구분하고 있던 상부의 벽을 헐고 카운터도 테이블로 만들어서 거실과 주방을 조망할 수 있는 카운터 키친으로 만들었습니다. 조리대를 연장한 형태여서 상을 차리기 쉽고 보기에도 아름답습니다. (도쿄 도 S 씨의 집 / 가토 건축설계실)

Before

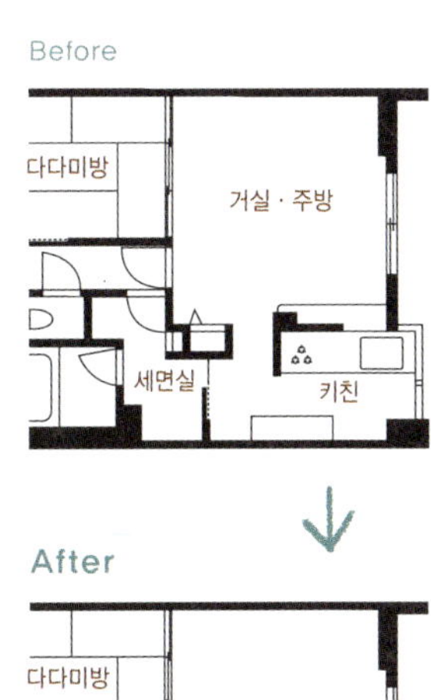

Plan

4

반도형

**반도형 키친과
디스플레이 선반으로
손님과 함께 쉴 수 있는
공간을**

예전에는 벽에 둘러싸인 독립형 키친이어서 좁고 어두웠습니다. 그래서 칸막이벽을 헐고 거실·주방·키친과 인접한 2층 방을 합쳐서 공간을 확장해서 주방과 마주보는 반도형 키친으로 변경했습니다. 주방을 보면서 일을 할 수 있기 때문에 손님들도 편하게 키친에 모여서 편하고 이야기를 나누며 요리나 상을 차릴 수 있고, 음식을 접대하기도 훨씬 편리해졌습니다. 주방은 키친 수납과 똑같은 소재의 디스플레이 선반을 만들어서 아끼는 물건을 장식하거나 화분을 놓았습니다. 손님의 눈과 마음을 사로잡는 공간을 완성했습니다. (도쿄 도 M 씨의 집 / brown+)

Before

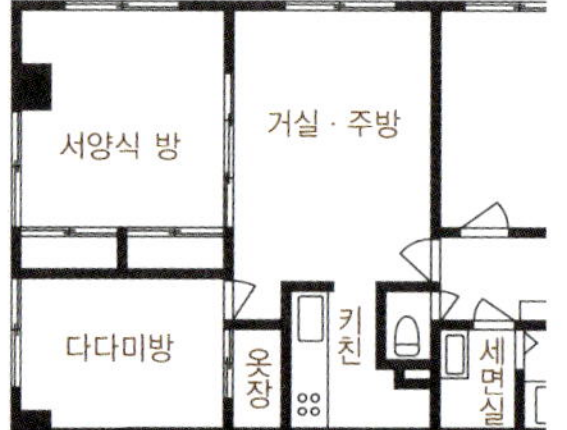

After

Before

Plan
5

반도형

반도형은 구조를
바꾸지 않아도
대화를 나누기 편하다

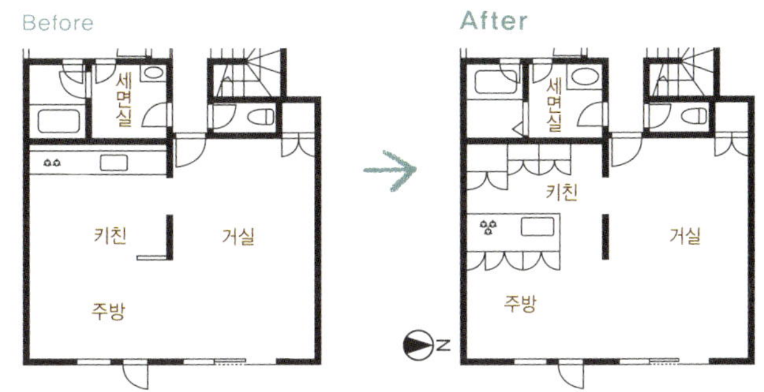

본래 오픈 스타일 키친이었지만 벽에 붙어 있어서 가족에게 등을 돌리고 요리를 하는 것이 불만
이었습니다. 그래서 집의 구조는 바꾸지 않고 키친만 거실과 주방의 중심으로 이동시켜서 가족의
얼굴을 보면서 요리할 수 있는 반도형으로 바꿨습니다. 대용량의 벽면 수납도 만들어서 가사 효율
도 향상시켰습니다. (가나가와 현 N 씨의 집 / 피즈 · 서프라이)

I형

Plan
6

다목적 테이블과
팬트리로 I형 키친이
단란한 스타일로 변화

거실을 넓히기 위해 주방과 키친을 이동하고 다목적으로 사용할 수 있는 커다란 주방 테이블
을 만들기 위해 키친은 공간을 많이 차지하지 않는 벽이 딸린 I형으로 바꿨습니다. 대형 팬트리도
새로 만들고 현관에서도 드나들 수 있도록 만들었기 때문에 현관과 주방 · 키친을 오갈 수 있게
돼서 편리성도 향상됐습니다. (도쿄 도 T 씨의 집 / 에토라 디자인)

Plan 7

창이 있는 키친으로 만들어서 모두 모여서 쉴 수 있는 편안한 공간으로 변신

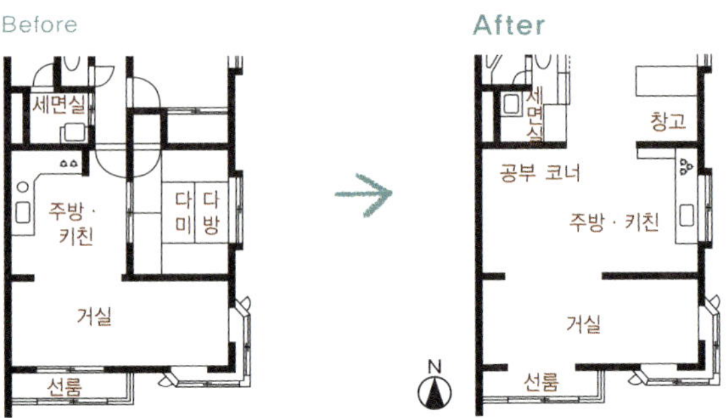

이전에는 L형 키친이었는데 창이 없고 어두워서 개방감이 없었기 때문에 창 쪽으로 이동시켰습니다. 키친의 위치도 창을 바라보며 일을 할 수 있는 벽이 딸린 I형으로 변경했습니다. 이제는 햇빛이 들어오는 주방과 키친으로 바뀌어서 환한 공간에서 즐겁게 이야기를 나눌 수 있는 공간으로 변신했습니다. (도쿄 도 Y 씨의 집 / 일급건축사무소 TKO-M.architects)

이전 키친은 세미 클로즈드의 L형이었기 때문에 키친과 거실·주방을 차단하는 카운터 수납을 철거해서 오픈했습니다. 레이아웃은 U형으로 바꾸고 거실·주방 쪽에 싱크대를 배치해서 대화를 나누기 편한 키친으로 변경했습니다. 한쪽 면에는 팬트리와 같은 수납공간을 만들어서 깔끔한 공간을 실현했습니다. (도쿄 도 H 씨의 집 / 아트리에 스피노자)

Plan 8

U형은 가스레인지나 싱크대의 레이아웃에 따라 대면식이나 L형으로도 가능

Plan

9

L형

다다미방을 서양식 방으로 바꾸고 이동하기 편하고 개방된 거실 · 주방 · 키친으로

예전 키친은 폐쇄된 I자형으로 거실도 다다미방으로 되어 있었습니다. 그래서 거실과 접한 다다미방은 칸막이벽을 철거해서 개방된 서양식 방으로 만들었습니다. 키친도 공간을 넓히고 거실 · 주방과 마주보는 위치에 싱크대를 배치한 L자형으로 변경했습니다. 이동하기 쉽고 커뮤니케이션을 취하기 편한 공간으로 다시 태어났습니다. (가나가와 현 Y 씨의 집 / 스타일홈)

Before

Chapter 3

인테리어 숍에서 배우는
카페 인테리어 코디네이트

카페 스타일을 완성하는 마지막 단계라고 할 수 있는 인테리어에 대해서 개인의 취향에 맞는 아이템을 소개합니다. 아울러 각 숍에서 가르쳐준 비결을 바탕으로 취향과 카페 스타일의 코디네이트 포인트도 소개합니다. 자신의 취향에 맞는 방을 꾸미는 데 참고로 하시기를 바랍니다.

W = 폭 D=깊이 SH = 좌면의 높이 ∅ = 직경 ※사이즈 단위는 cm

　　카페 스타일을 완성하려면 가구나 조명의 디자인이 다양해질 수밖에 없습니다. 특히 의자는 여러 가지 디자인을 믹스해서 두는 편이 카페 분위기를 훨씬 살릴 수 있습니다. 가능하면 집의 곳곳에 마음에 드는 가구를 놓아두고 다른 분위기를 연출하도록 합니다.

　　좋아하는 물건을 디스플레이하면 기분에 맞게 다양한 방법으로 휴식을 취할 수 있고 조망의 방법도 다양하게 즐길 수 있습니다. 또 쿠션, 잡화, 관상식물도 조화롭게 놓아두면 색채나 온기를 가미할 수 있습니다. 조명은 백열등을 골라서 간접조명으로 아늑한 분위기로 만듭니다. 어쨌든 중요한 점은 자신이 좋아하는 물건에 둘러싸여 편히 쉴 수 있어야 한다는 사실입니다.

Natural

어떤 인테리어와도 잘 어울리는 것이 매력. 소재가 지닌 따스함이 잘 전해지고 '카페와 같은 아늑함'을 연출하기 쉬운 취향이다. 바닥과 가구의 소재를 조합하거나 가구들의 마감을 통일시키는 것도 좋다.

잡지를 꽂아둘 수 있는 작은 선반이 딸린 오크 테이블은 의자나 벤치와 세트.
테이블 / COROS 주방 테이블 W1500 (W150×D80×H72) 596,400원,
의자 / COROS 주방 의자 (W45.5×D51×H78.5(SH44.5)) 155,400원,
벤치 / COROS 벤치 – 백레스트 (W102×D51×H78.5(SH44.5)) 312,900원

오리나무의 자연 촉감을 살린 주방 테
이블은 50cm 주문도 가능. 등받이가
스틱 형상으로 된 오리나무 의자와 에
나멜 펜던트라이트의 조합.
테이블 / VIBO ORDER TABLE(W135
×D80×H72) 661,500원,
의자 / MARE ST CHAIR(W40×D40
×H84(SH42)) 168,000원,
펜던트라이트 / ENAMEL PENDANT
SHADE(W27.5×H13) 33,600원(소켓
별매)

닦으면 표면에 아름다운 광택이 나
타나는 장미목으로 만든 접이식 의
자. 아이언 부분에는 녹 방지 가공
처리가 되어 있다.
의자(W50×D45×H86) 367,500원

천연목의 송판이 지닌 따뜻한 소재감이 내추럴 취
향의 주방·거실에 꼭 맞는 테이블. 무구재이기 때
문에 사용할수록 풍미가 더하고 애착도 깊어진다.
다리 부분에 조각을 새겨서 귀엽다.
트라피에 테이블(W142×D55×H85) 1,657,200원

버튼 악센트의 소파는 약 60종류의 천에서 고른 주문 제품. 오크 제품의 체스트와 테이블을 조합한다.
소파 / PATORU BOTTON 3P SOFA(W182×D76×H180(SH45)) 1,029,000원,
체스트 / VENT CHEST 90(W86×D41×H70) 504,000원,
테이블 / FD-LOW TABLE(W115×D46×H40~60) 546,000원

영국과 벨기에의 코튼 리넨에서 색과 무늬를 골라서 붙이거나 커버링해서 만든 세미 오더 소파. 무구의 송판에 밀랍왁스를 칠한 블랭킷박스를 테이블 대신 사용.
소파 / CC-S1T S1 3인용 소파(W198×D85×H83) 2,551,500원,
박스 / B13M 블랭킷박스(W110×D60×H42) 840,000원

무구의 유럽 적송재로 만든 사이드 보드. 밀랍왁스로 처리해서 완성한 전통 스타일로 만들었기 때문에 사용할수록 풍미가 더하는 점이 매력.
PWS-1 사이드 보드(W140×D47×H85) 1,732,500원

보여주는 수납이나 디스플레이 장으로 사용할 수 있는 선반. 천연목 소나무의 부드럽고 아름다운 나뭇결이 자연스런 인테리어에 잘 어울리고 무엇을 진열하는가에 따라 분위기나 인상이 변해서 연출하는 재미가 있다.
4단 선반 서랍 포함(W76.5×D19×H93.5) 472,500원

오크재로 만든 브래킷 타입의 조명. 길이를 늘이고
줄일 수 있어서 방에 음영을 주고 싶을 때 사용하면
안성맞춤.
WALL LIGHT(W38~58×D13×H28.5) 132,300원

아주 튼튼하고 벌레에도 강한 장미목과 아이언을
이용한 테이블은 날씨가 좋은 날 티타임을 즐기
는데 최적. 닦으면 광택이 나서 아름아우며 접을
수 있어서 보관하기도 편리하다. 아이언 부분에는
녹 방지 가공이 되어 있다.
테이블 상판(W60×D65×H76) 504,000원

상판의 폭이 넓고 양질의 티크 무구재를
엄선한 주방용 테이블과 의자. 화이트 워시
로 마감해서 자연스런 촉감을 준다.
테이블 / CDT-2D 주방 테이블(W180×
D85×H75) 1,732,500원,
의자 / PJK-4 티크 주방의자(W45.5×
D52.5×H94(SH45.5)) 262,500원

무구 송판과 스틸이 내추럴하고 샤프한 인상을 주는 테이블과 벤치. 상판과
좌면을 가공해서 오래 사용한 듯한 느낌과 나무의 아름다움을 살렸다.
테이블 / GALA 스틸 레그 테이블 196(W196×D84×H70.5) 2,079,000
벤치 / GALA 스틸 레그 벤치 154(W154×D28×H46) 745,500원

파인 선반 판자는 오래 사용한 것처럼 마감하기 위해
흠집이나 벌레 구멍 등을 만드는 디스트레싱 가공과
나뭇결을 일으키는 가공을 해서 풍미를 더했다. 온기가
묻어나는 소박한 촉감이 특징.
GALA 아이언 선반3(W168×D40×H121) 1,543,500원

Brocante & Country

따스함이 묻어나고 편안하게 쉴 수 있는 분위기가 매력.
섀비시크(Shabby Chic)한 가구와 잡화 등을 포인트를
정해서 연출하거나 디스플레이하면 정돈된 인테리어
분위기를 낼 수 있다.

소나무로 만든 작은 선반. 벽에 달아서 앤티크 컵 컬렉션이나 접시로 장식
하면서 수납하는 것도 재미있다.
월 플레이트 선반(W80×D22×H90) 399,000원

프랑스의 전통적인 천 '투알 드 주이'
의 모티프를 프린트한 페이퍼를 안쪽에
붙인 작은 캐비닛. 문에 철망을 사용한
것이 특징.
쁘띠 트리아농 시리즈 철망 로우 캐
비닛 (W84×D41.5×H95) 892,500원

전나무와 MDF로 만든 테이블 세트. 상판에
는 유명한 '투알 드 주이'의 모티프를 재현.
쁘띠 트리아농 시리즈 네스트 테이블 세트
(대 : W58.5×D40.5×H65.5, 소 : W45×
D35.5×H62) 504,000원(세트 가격)

무구 송판의 나뭇결을 살려 마감한 컵 보드.
선반 도장의 9색에 오일 마감을 포함한 10종류에서 선택
할 수 있다. 특수주문을 하면 복잡한 칠도 해준다.
SANTA FE 컵 보드118(W118×D45×H189) 2,940,000원

프랑스 풍취의 페미닌 이미지로 아이언의 곡선이 아
름답고 우아한 소파. 좌면을 들어올려서 양쪽의 팔걸
이를 안쪽으로 접으면 쉽게 옮길 수 있어서 편하다.
소파 (W123×D60×H94) 682,500원(매트리스 별매)

캐비닛에 소나무를, 상판에 아연판을 사용한 카운터. 아연판은 프랑스에서는 징크라고 해서 오래전부터 카페나 레스토랑의 카운터 등에 사용되어져 왔기 때문에 전통과 노스탤지어를 느끼게 한다. 손질은 물기를 짜낸 천으로 닦기만 하면 돼서 간단.
바 카운터 (W100×D48×H99) 1,470,000원

무구 송판으로 만든 볼륨감 있는 좌면이 귀여운 사이드 체어. 허름하게 마감한 도장이 깊은 맛을 빚어낸다. 색상은 자연스런 색상을 포함해서 9종류.
GALA 사이드 체어 스틸 (W46×D43×H64.5(SH43))
546,000원

'투알 드 주이'의 모티프를 프린트한 페이퍼를 사용한 체스트. 베르사유궁전을 연상시키는 우아한 디자인이면서 가벼운 소재의 MDF를 사용해서 문양은 현대적이다.
쁘띠 트리아농 시리즈 3단 체스트 (W42×D29×H68) 399,000원

1880년대 영국에서 사용되었다고 여겨지는 체스트. 올드 파인으로 만들어진 블루 페인트와 둥근 손잡이가 사랑스럽다.
페인트 카운터 커버드 체스트 (W142×D52×H75) 2,625,000원

Retro & Antique

시대를 초월한 '진품'이 빚어내는 존재감, 아름다움, 노스탤지어 분위기가 매력. 가구의 연대나 소재에 집착해서 소품들을 조합하면서 너무 무거운 인상을 주지 않도록 색상 등에도 배려한다.

푹신한 몸체가 어딘지 예스러움을 느끼게 하는 사랑스러운 디자인의 1인용 소파. 인기 컬러는 3종류. 그 외에 수주 컬러 는 45색이며 주문 생산이다.
SOPHIE 소파 1시터(W59×D78×H79(SH42.5)) 378,000원

모던한 복고풍 분위기의 50년대 복각판 소파. 다리 부분은 팽나무 자재로 만들었다. 소파 겉감의 색상은 인기가 많은 2색. 수주 컬러 17색. 겉감의 등급에 따라 가격이 달라진다.
FIVE 소파 2.5시터(W143×D76×H72(SH37)) 995,400원
1시터(W61×D76×H72(SH37)) 596,400원

장식을 배제한 기능미가 아름다운 흔들의자 스
타일의 의자. 사진의 단풍나무 목재를 비롯해
월넛 등의 5종류가 있다. 좌면은 8종류의 테이
프로 조합한다. 수종과 마감에 따라 가격이 달
라진다.
SHAKER 세티 「단풍나무 자재×비눗물 처리」
(W116,5×D52×H105(SH44)) 1,428,000원

북유럽 모던의 노스탤직 디자인과 색상이 매력적인 의자에는 북유럽 중고풍의
식기장과 타원형의 테이블은 조합이 잘 맞는다.
의자 / RUSSELL 주방의자 티크 다리(W46×D57×H80(SH46)) 155,400원,
식기장 / ALBERO 컵 보드(W120×D43.5×H138) 1,354,500원,
테이블 / ALBERO 주방 테이블 티크(W110×D80×H72) 449,400원

Designer's Furniture

디자이너즈 가구의 매력은 가구 자체에 스토리와 역사가
있다는 점이다. 디자인의 의도를 생각하면서 사용하고
바라보면 한층 즐겁고 소유의 기쁨도 맛볼 수 있다. 존재감
하나만으로 방의 분위기를 연출할 수 있지만, 디자이너의
의도를 생각하면서 코디네이트 하거나 의자를 포인트
컬러로 사용하는 것도 재미있다.

디자인의 새로운 조류를 만든 디자이너 찰스 & 레이임즈가 디자
인한 불후의 명작 임즈 쉘 체어, 허먼 밀러의 디자인 디렉터인 조
지 넬슨이 1954년에 디자인한 테이블 포함.
임즈 쉘 체어 암체어 DAR(W62,5×D60×H80,5(SH41,5))
472,500원, 넬슨 앤 테이블(ø72×H41,5) 882,000원

경비를 제고해서 편안하고
이상적인 집 만들기

코스트 퍼포먼스가
좋은 집

누구나 자신이 꿈꾸는 이상적인 집에서 기분 좋고 편하게 생활하고 싶어 합니다. 아이디어만 있으면 적은 예산으로 그 꿈을 이루는 경우도 있습니다! 그런 행복을 실현한 집을 소개합니다.

CASE 01

커피향이 떠다니는 카페 같은 공간에서 여유로운 생활을 즐기다

도쿄 도 M 씨(본인 42세)

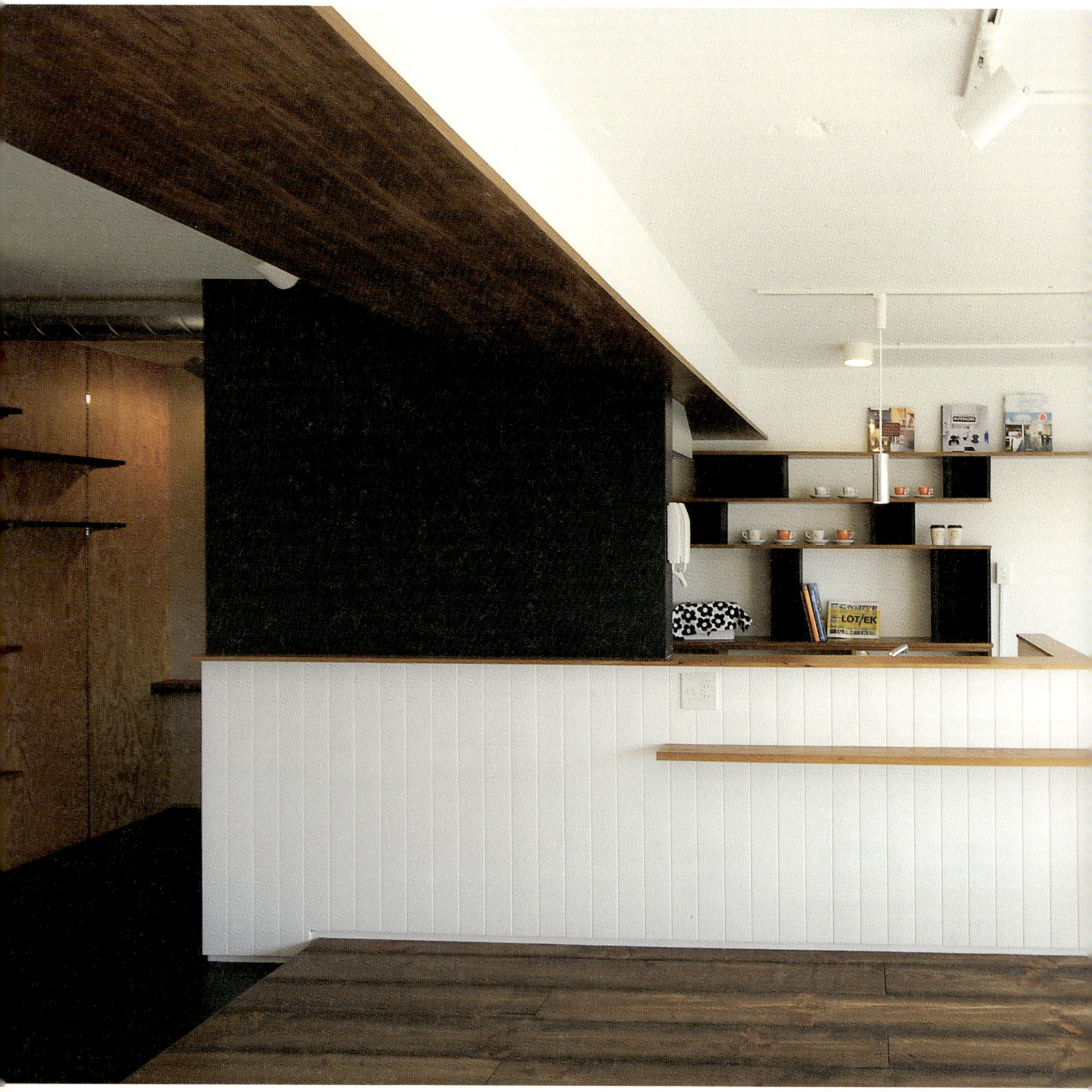

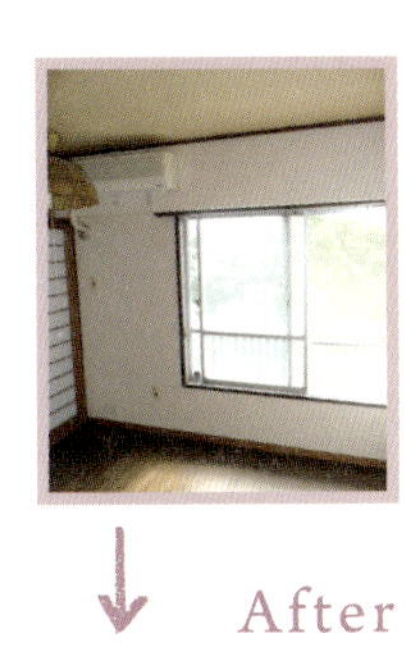

Before

허전한 분위기의
거실 · 주방.

After

편리성과 주거성에 재미있는 발상을 접목한 주방
과 거실. 키친 주위에 흰색의 판벽을 두르고 상부
의 칸막이 판자에는 칠판 도장을 했다.

Dining & Kitchen

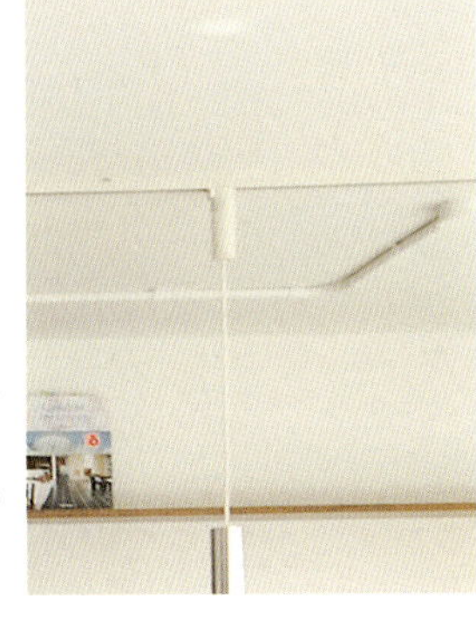

주방과 키친 카운터를 비추는
3개의 펜던트라이트는 숍에서
싸게 구입. 자연스런 공간과도
잘 어울려서 '자신만의 카페
공간'을 한층 즐길 수 있다

카페에서 혼자만의 느긋한 시간을 즐기는 것을 좋아하는 M 씨는 "집에도 카페 같은 공간이 있으면 좀 더 편히 쉴 수 있을 텐데."라고 생각해서 중고맨션을 구입해서 리폼을 계획하기 시작했습니다.

먼저 점포 설계도 하는 건축회사에 실제 카페를 참고로 한 이미지를 설명. 포인트는 방 3개의 칸막이를 철거하고 주방과 키친에서 거실, 그리고 침실까지를 스켈톤 리폼하는 것이었습니다. 방 전체의 천정을 철거해서 여유로운 공간을 확보했습니다. 또 키친은 배관을 다시 해서 대면식 키친을 주방과 키친의 중심으로 삼고 배면에는 식품을 넣고 꺼낼 수 있으면서 멋있는 '보이는 수납 선반'을 배치했습니다.

자연스런 감각을 표현하기 위해 천연 무구재를 사용해 만든 테이블을 키친에 연결해서 요리나 커피를 바로 테이블로 옮길 수 있는 동선을 확보했습니다.

주방과 키친의 둘레에 붙인 판벽과 조명도 카페 스타일로 연출해서 자신이 이미지 그대로의 공간을 완성했습니다.

혼자 있을 때에는 느긋하게 시간을 보내고, 친구를 초대했을 때에는 카페 마스터가 된 기분이 들어서 지금의 집에 크게 만족하고 있다고 합니다.

M 씨의 코스트 조정의 최대 포인트는 카페를 만든 경험이 풍부한 회사로부터 다양한 제안을 받을 수 있었고 운이 좋게도 상가건축에 사용하는 자재를 비교적 싸게 입수할 수 있었던 점입니다.

세면실과의 칸막이벽에는 앤티크 벽돌과 같은 브릭 타일을 붙여서 카페 이미지를 연출했다. 붉은 칸막이벽의 안쪽은 베드 스페이스와 클로젯이다.

M 씨가 좋아하는 카페를 참고로 만든 수납 선반. 조리하면서 손을 뻗어 꺼내기 쉬운 위치에 설치했다. 선반의 판자를 싼값에 구입했다고 한다.

키친 주위의 바닥재는 얼룩과 흠집에 강한 타입의 검은색 시트를 사용. 소재가 지닌 시크한 촉감이 어른스러운 분위기를 연출한다.

카운터 키친의 가스레인지를 덮기 위해 설치한 거실 쪽의 검은 벽은 칠판으로도 사용할 수 있는 건재를 사용했다. 운이 좋게도 M 씨는 적당한 가격에 구입할 수 있었다고 한다. 이 보드는 실제로 분필로 쓸 수 있도록 처리했기 때문에 메모 대용으로 사용해서 카페 분위기를 내고 있다.

욕실의 안쪽 면에 갈색의 방수 전용 필름 시트를 붙여서 공간에 변화를 주었다. 샤워만 할 때에는 오버 헤드 샤워를 한다.

새로 만든 세면대 옆에 높이를 맞춘 세탁물을 넣는 박스를 만들어서 편리성을 꾀한 세면실.

After

Before

이전의 세면실은 간소한 분위기의 세면대여서 어두운 느낌이 드는 공간이었다.

S a n i t a r y

DATA / PLAN

공사비 내역

키친	1,250만 원
욕실	510만 원
세면실	720만 원
화장실	385만 원
합계	**2,865만 원**

＊키친은 키친 본체, 그 외 키친 설비, 가구 제작, 무구재 카운터, 카운터 주변 판벽, 칠판 도장, 바닥과 벽 마감재, 가스공사, 덕트 공사 포함. 급배수배관접속공사, 바닥 올림, 슬래브 도장비, 전기공사는 일괄이어서 별도.
욕실은 시스템 욕조 본체, 설치조립비, 일부 벽면 필름시트 붙이는 비용 포함. 급배수배관접속공사, 전기공사는 일괄이어서 별도.
세면실·화장실은 칸막이공사, 바닥 마감, 급배수배관접속공사, 전기공사는 일괄이어서 별도. 세면실·화장실은 설비기기, 카운터, 가구 제작, 천정마감재, 벽면 브릭 타일, 건구 포함. 키친·욕실·세면실·화장실은 시공비 포함.

Data

- 주거 형태 : 맨션
- 설비기기 : 키친 – 시스템키친, 욕실 – 시스템 욕실, 세면실 – 세면기·수전, 화장실 – 변기
- 마감 : 키친 / 바닥 – 장척 시트, 벽 – 벽지·일부 칠판 도장·일부 AEP·키친 패널, 천정 – 슬래브AEP도장 뿜칠 마감, 욕실 / 바닥·벽·천정 – 시스템 욕조, 세면실·화장실 / 바닥 – 장척 시트, 벽-벽지·일부 브릭 타일, 천정 – 벽지
- 면적 : 키친 – 5.5㎡(1.66평), 욕실 – 1.92㎡(0.58평), 세면실 – 2.7㎡(0.82평), 화장실 – 1.9㎡(0.57평)
- 완성 연도 : 2009년 11월(공사기간 약 30일)
- 설계 : 에·디안도시 일급건축사무소

Before

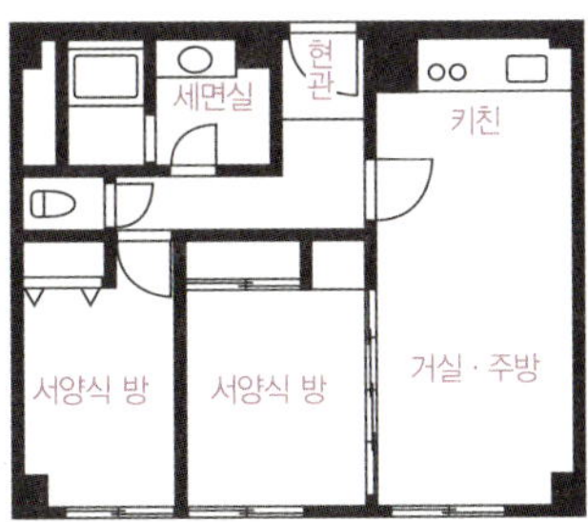

After

부부가 직접 리폼에 참여한 집은
편안함과 함께 그들만의 스토리를 지닌
특별한 공간으로 변신

가나가와 현 K 씨(32세, 아내, 아이 1명)

중고 단독주택을 구입한 K 씨 부부는 처음에는 키친만 리폼하려다 거실과 주방에 개방감이 없는 점이 걱정돼서 결국 전면 리폼을 하기로 했습니다.

가장 걱정을 하던 거실·주방·키친의 개방감을 해결하기 위해 칸막이벽을 철거해서 연결된 공간으로 만들고, 천정을 트고 들보를 노출해서 상하좌우로 뻗어나가는 넓은 공간으로 완성했습니다. 또 특색이 없던 비닐벽지는 영화에 나오는 것처럼 벽에 회칠을 했습니다. 합판에 수지 코팅을 한 바닥재 위에는 무구 송판을 깔고, 리폼으로 노출된 들보와 천정 부분은 페인트로 마감했습니다. 간접조명과 실링팬도 설치해서 카페 같은 분위기를 연출했습니다.

카페를 좋아하는 부인이 가장 신경을 쓴 것은 직접 구워서 만든 창문의 유리. 구워서 만든 유리를 사용한 카페가 인상적이었다는 부인은 그 꿈을 이룰 수 있어서 기뻤다고 합니다.

실은 두 사람의 꿈을 실현하기 위해 리폼의 내용을 대폭 변경했기 때문에 당초보다 예산을 초과하게 되었습니다. 그래서 경비를 제고하고 부부가 DIY로 일부를 제작했다고 합니다. 부부가 참가한 작업은 천정의 페인트칠과 창틀 도장 외에 바닥재 작업 등이었습니다. 특히 바닥을 까는 작업은 건축가와 함께 했다고 합니다.

판자를 자르는 사람, 본드를 칠하는 사람, 못을 박는 사람으로 나눠서 작업을 했는데 부인은 그때 DIY에 재미를 느끼고 흥미를 가지게 되었다고 합니다. 자신들이 직접 리폼에 참여해서 완성한 집이어서 두 사람의 애착도 남다른 듯했습니다.

Before

두 개의 공간으로 나눠
져 있어서 폐쇄적이었
던 거실·주방·키친.

After

오징어잡이배의 조명을 사용한 카페의 분위기
가 너무 좋아서 거실과 주방에 설치했다. 벽 쪽
에는 남편이 만든 선반을 놓고 상단은 DJ 박스
처럼 꾸미고 하단에는 CD를 놓아둔 남편의 취
미 코너. 가족과 함께 좋아하는 물건에 둘러싸
여 행복한 시간을 보내고 있다.

리폼 공사 도중에 찍은 거실에서 바라본 키친의 전경.
칸막이벽을 헐고 바닥과 천정을 튼 것을 잘 알 수 있다.

리폼 도중의 거실과 주방 모습.

코스트
밸런스의
Point 1

거실 · 주방 · 키친의 천정을 벗겨내자 드러난 2층의 바닥
모습. 들보와 2층의 바닥을 지지하는 버팀재를 노출해서
거실 · 주방 · 키친의 천정으로 했다. 도장업자에게 의뢰
하지 않고 부부가 직접 수성페인트로 칠했다.

기존의 바닥 위에 21mm 두께의 송판 무구재를 깔아서 마감한 바닥은 바닥재를 벗겨내고 새로운 바닥재를 까는 것보다 간단하다. 바닥 작업도 업자에게 의뢰하지 않고 부부가 직접 했다.

거실과 주방을 구분하는 키친 수납은 주방에서 냉장고가 보이지 않는 위치에 만들었다. 손으로 구운 듯한 느낌이 나는 유리와 한 쪽 면을 도려낸 카운터가 카페의 카운터 같은 분위기를 준다.

Dining

본래 키친용과 거실·주방용 두 개였던 문은 거실·주방문의 문틀을 철거하고 벽으로 만들었다. 부인이 좋아하는 손으로 구운 유리를 끼워서 안창을 만들었다.

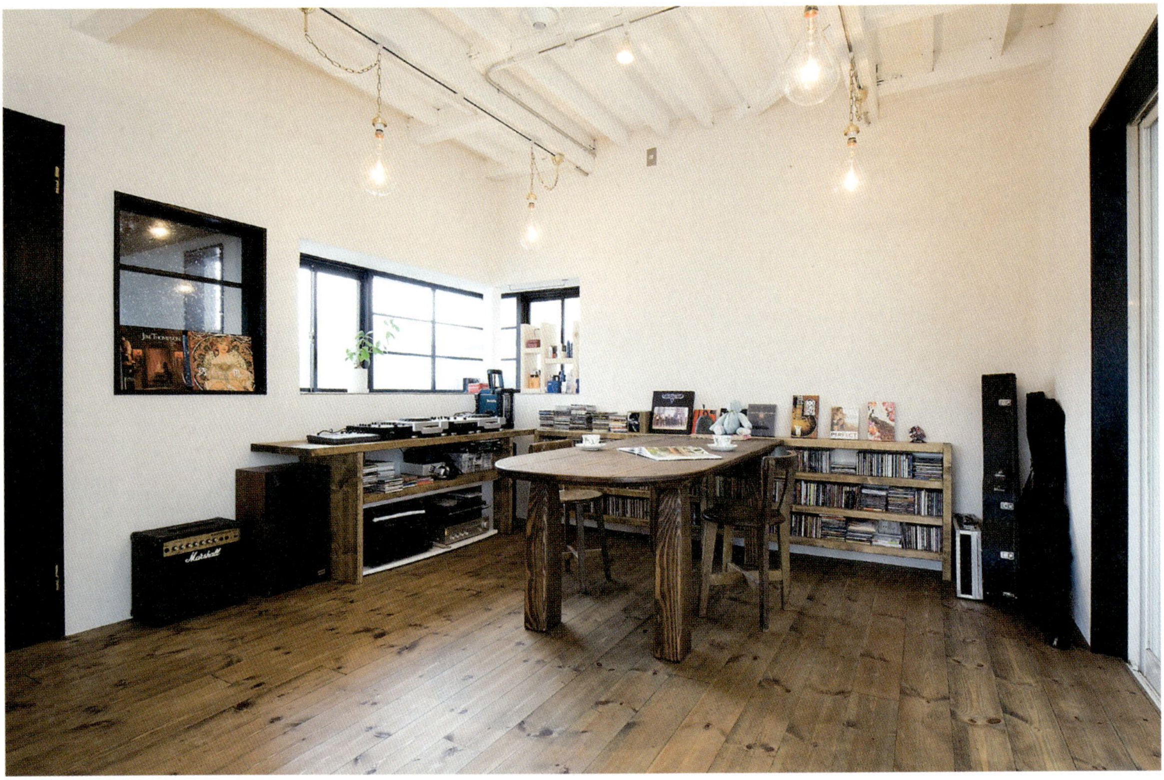

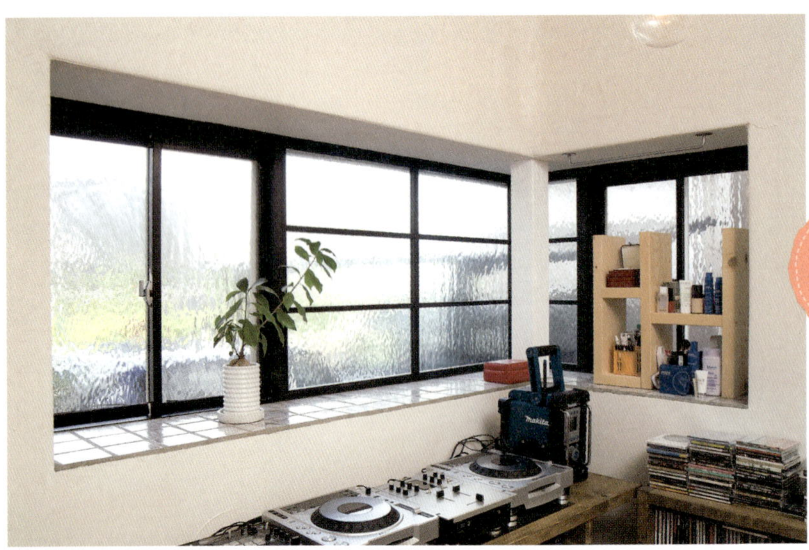

따스함이 느껴지는 질감이 좋아서 벽에는 회칠을 했다. 두텁게 칠해서 표면에 질감을 주고 손으로 칠한 느낌을 살렸다. 주방 테이블은 가족이 모여서 식사나 공부처럼 다양한 목적으로 사용할 수 있도록 건축가에게 부탁해서 크게 만들었다.

Dining

코스트 밸런스의 Point 3

창틀은 부부가 직접 페인트칠을 했다. 출창의 카운터에 깐 타일도 부부가 직접 작업했다. 양쪽으로 열 수 있는 창에는 직접 구운 유리를 끼웠다. 코너 부분은 유리 교체가 어렵기 때문에 유리를 끼운 창을 안쪽으로 설치해서 이중으로 했다.

카운터 상부는 식기 선반. 유리 너
머로 보이기 때문에 주방에서의 전
망도 고려해서 선반마다 형체가 비
슷한 식기를 진열했다.

Kitchen

솔송나무와 송판으로 만든 선반으로
미리 가전제품의 사이즈를 재서 딱 맞
도록 만들었다. 카운터 아래의 앞쪽에
는 바퀴가 달린 휴지통이다.

레인지후드는 회칠로 마감한
후드 속에 스테인리스 박스를
끼운 오리지널.

뉴욕의 지하철에서 사용하는 것 같은 타
일을 하고 싶다는 부인의 바람으로 벽에
는 150×75mm의 타일을 붙였다. 키친 본
체는 요리실험실용 싱크대를 활용해서
개성적인 디자인으로 완성했다.

키친 위에 매단 세 개의 펜던트
라이트는 앤티크.

DATA / PLAN

공사비 내역

키친 --- 1,055만 원
합계 -- 1,055만 원

✽ 해체비 등은 별도

Data

- 주거 형태 : 단독주택
- 설비기기 : 키친 – 키친 유니트의 일부, 싱크, 가스레인지, 레인지후드, 수전
- 마감 : 키친 / 바닥 – 송판 무구 플로링, 벽 – 회칠, 천정 – 도장
- 면적 : 거실 · 주방 · 키친 – 약 19,00㎡
- 완성 연도 : 2011년 4월(공사기간 약 40일)
  ✽ 거실 · 주방 · 키친, 세면실, 현관 포함
  ✽ DIY를 포함한 공사기간은 약 120일
- 설계 : 가구공방 기도리

Before

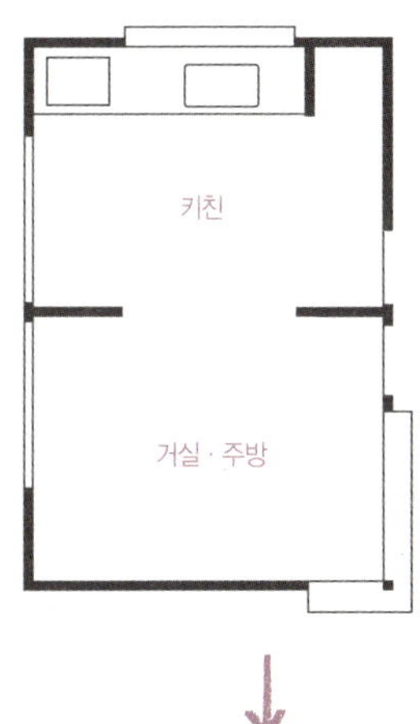

After

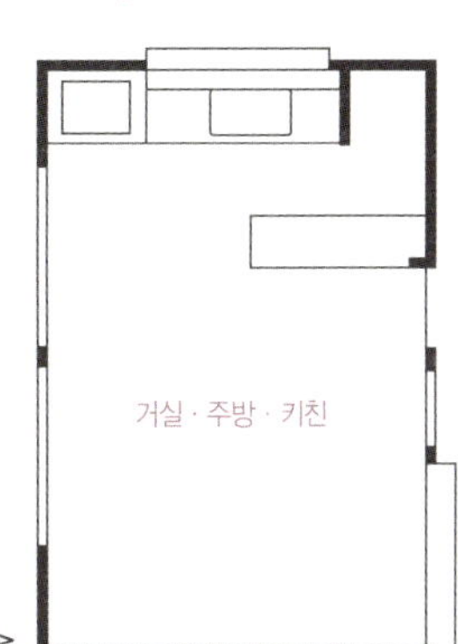

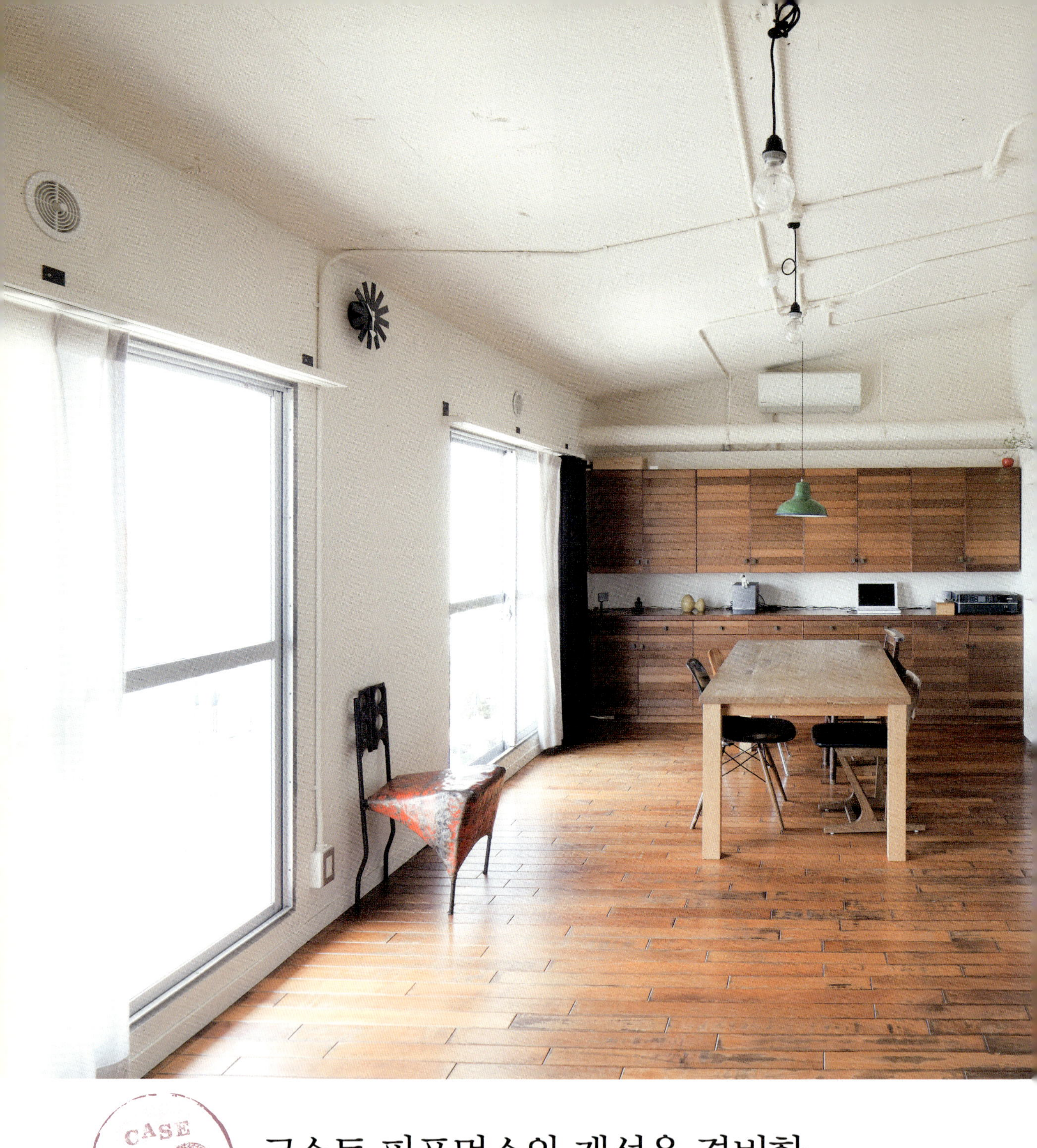

CASE 03

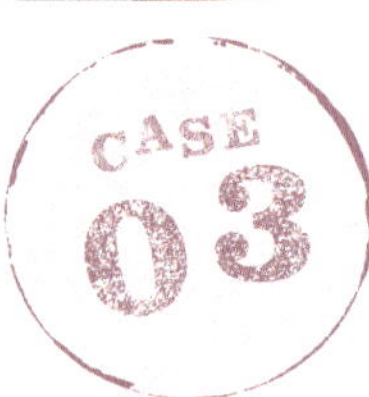

코스트 퍼포먼스와 개성을 겸비한 아이디어로 완성한 개방감 풍부한 집에서 카페 같은 편안함을

가나가와 현 M 씨(41세, 아내, 아이 2명)

Kitchen

거실과 주방은 천정을 헐고 구체를 흰색 페인트로 칠했다. 노출된 전기배선이 아트와 같은 분위기를 풍긴다. 돌출된 카운터에 만든 벽감과 녹색의 펜던트라이트의 상승효과로 마치 세련된 카페처럼 보인다.

서핑이 취미인 M 씨는 휴일에는 먼 바다까지 나갈 때가 많습니다. 집을 바다 근처로 옮기기로 결심한 M 씨는 바다에서 가까운 곳에 리폼을 전제로 중고맨션 한 채를 구입했습니다.

먼저 건축가와 상담을 했습니다. 건축가와 상담을 할 때 주안점을 둔 점은 주변에 거실과 다다미방으로 된 집이 대부분이었기 때문에 먼저 다다미방을 없애고 칸막이와 천정을 철거할 것, 수납공간을 충분히 확보할 것, 욕실과 세면실의 공간을 잘 활용할 것 등이었습니다.

하지만 다다미방의 벽이 구체였기 때문에 철거하지 않는 대신 칸막이벽을 활용해서 폭 2m×길이 1m 정도의 사각 터널 형태의 문이 없는 대형 수납공간을 만들기로 했습니다. 걱정하던 다다미방은 라운지로 활용하고 대용량 수납을 만들었습니다. 거실에도 벽과 천정의 간극을 잘 이용해서 벽감과 오픈 수납을 만들었습니다.

거실과 라운지의 천장은 M 씨가 원하던 대로 모두 철거해서 개방감이 넘치는 공간으로 완성되었습니다. 욕실과 세면실은 벽을 철거하고 구체의 한계까지 공간을 확대했으며 벽감 수납과 제작한 수납으로 편리성을 높였습니다.

여기에 키친은 기존의 것을 사용하는 대신 주방 쪽으로 난 벽에 벽감을 만든 카운터를 제작해서 거실·주방·키친의 분위기를 일신했습니다.

그 외에도 기존의 마루에 에이징 가공을 하고 빈티지 분위기로 연출했습니다. 기존의 것을 잘 활용하면서 아이디어를 접목해서 실제로 들어간 비용에 비해 한층 매력적인 집으로 완성되었습니다.

부부는 새로운 집에서 남는 공간은 수납이나 인테리어로 활용하며 풍요로운 일상을 보내며 즐겁게 생활하고 있습니다.

Dining

수입 앤티크의 사이드보드는 수납
을 만들지 않은 벽 앞에 두었다.
콘크리트의 거친 질감을 살린 도
장의 촉감이 부부가 수집한 빈티지
제품과 잘 어울린다.

좋아하는 그릇을 색상별로 진열. 오픈형 수납으로 인터리어에 악센트를 주었다.

기존 키친은 카운터의 깊이를 확보하기 위해 키친 입구를 주방 쪽으로 돌출시켰다. 그것만으로도 키친의 분위기가 크게 달라졌고 큰 접시를 놓을 수 있어서 상을 차리기도 편리하다고 한다.

전기 스위치 패널은 벽감처럼 벽을 판 공간에 만들었다. 장난감을 놓아둬서 장식 선반처럼 활용했다.

거실에서 터널 형태의 입구를 지나면 라운지가 있다. 천정의 구체를 노출해
서 로프트처럼 보인다. 바닥은 천연섬유를 깔았다.

After

Before

M 씨의 보물인 70~80년대의 희귀
레코드와 대형 TV가 온전히 들어가
도록 주문 제작한 선반.

낡은 느낌이 드는 큰 옷장이
있는 다다미방.

소재가 지닌 질감에 신경을 쓴 수납이 특징인 세면실. 오리지널 디자인의 목제 수납에는 비누와 세제 등의 일용품을 넣어둔다.

세탁기를 둘 공간을 확보하기 위해 세면대와 수납은 높은 위치에 배치했다. 계단 형태의 상자를 올라가서 세수를 하는 발상이 재미있다.

벽과 바닥에 깐 하얀 타일이 빛이 나도록 천정에는 간접조명을 설치해서 욕실 전체를 부드러운 빛으로 채웠다.

비누와 샴푸를 두는 감각적인 벽감은 벽의 작은 부분까지 활용한 수납의 좋은 예. 새하얀 욕실에 악센트를 주었다.

욕조와 바닥·벽면의 디자인에 신경을 썼지만, 샤워기나 기구는 평범한 것으로 통일해서 경비를 절감했다.

서프보드를 세워놓을 수 있도록 천정
의 일부를 도려냈다. 여기에 조명을
설치해서 소박한 인터리어 공간으로
만들었다.

H all

서프보드는 서퍼의 집답게 '보이도록 수납'했다. 물론 장식품
이 아니라 실제로 사용하는 서프보드이다.

복도에서 거실로 이어지는 마루는 기존의 것을 그대로 이용했다. M 씨가 직접 도장을 하고 빈티지풍으로 가공했다.

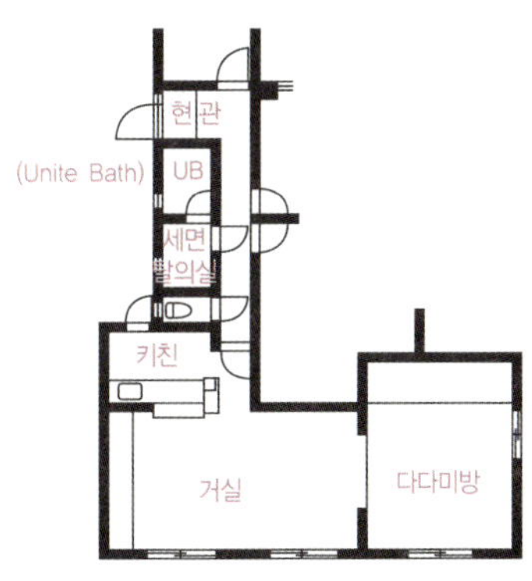

M 씨가 가장 마음에 들어 하는 공간에 놓아 둔 철제 앤티크 의자.

DATA / PLAN

공사비 내역

욕실 -------------------------------------- 693만 원

세면실 ------------------------------------- 367만 원

합계 ------------------------------------- 1,060만 원

＊위의 모든 내장용 재료비, 설치비, 시공비, 해체비 포함, 설계 · 감리비, 폐기물 처리비는 별도. 욕실은 욕조, 샤워기, 욕실환풍기, 조명 포함, 급탕기 교환은 별도. 세면기, 세면대, 캐비닛, 수전 세면화장대 자체에 포함.

Data

- 주거 형태 : 맨션
- 설비기기 : 욕실 – 욕조, 수전, 환풍기, 세면실 – 세면기, 수전
- 마감 : 욕실 / 바닥 – 모자이크 타일, 벽 – 모자이크 타일, FRP 방수 탑코트, 천정 – 곰팡이 방지 도장, 세면실 / 바닥 – 모자이크 타일, 벽 – 도장, 모자이크 타일, 모르타르를 바른 후 방진 도장, 천정 – 곰팡이 방지 도장
- 면적 : 욕실 – 2.72㎡(0.82평), 세면실 – 2.48㎡(0.75평)
- 완성 연도 : 2009년 5월(공사기간 약 60일)
- 설계 : 일급건축사사무소

Before

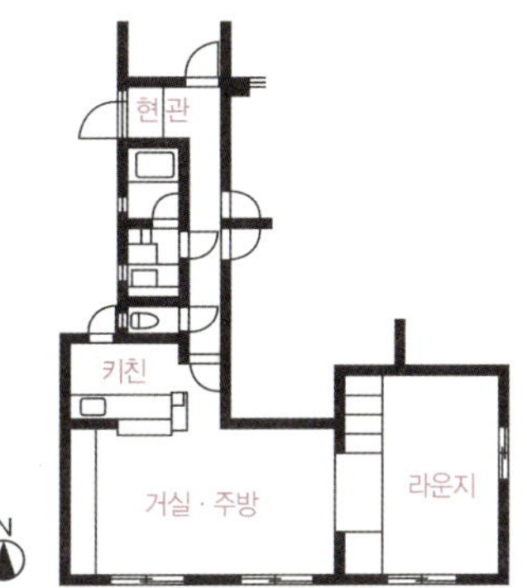

CASE 04

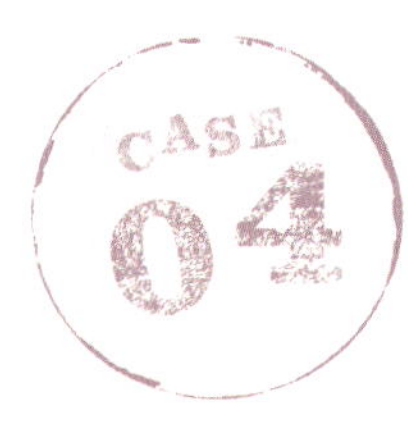

철저한 포인트 구분과 적은 경비로 실현한 북카페 같은 거실 · 주방

도쿄 도 K 씨(45세, 아내)

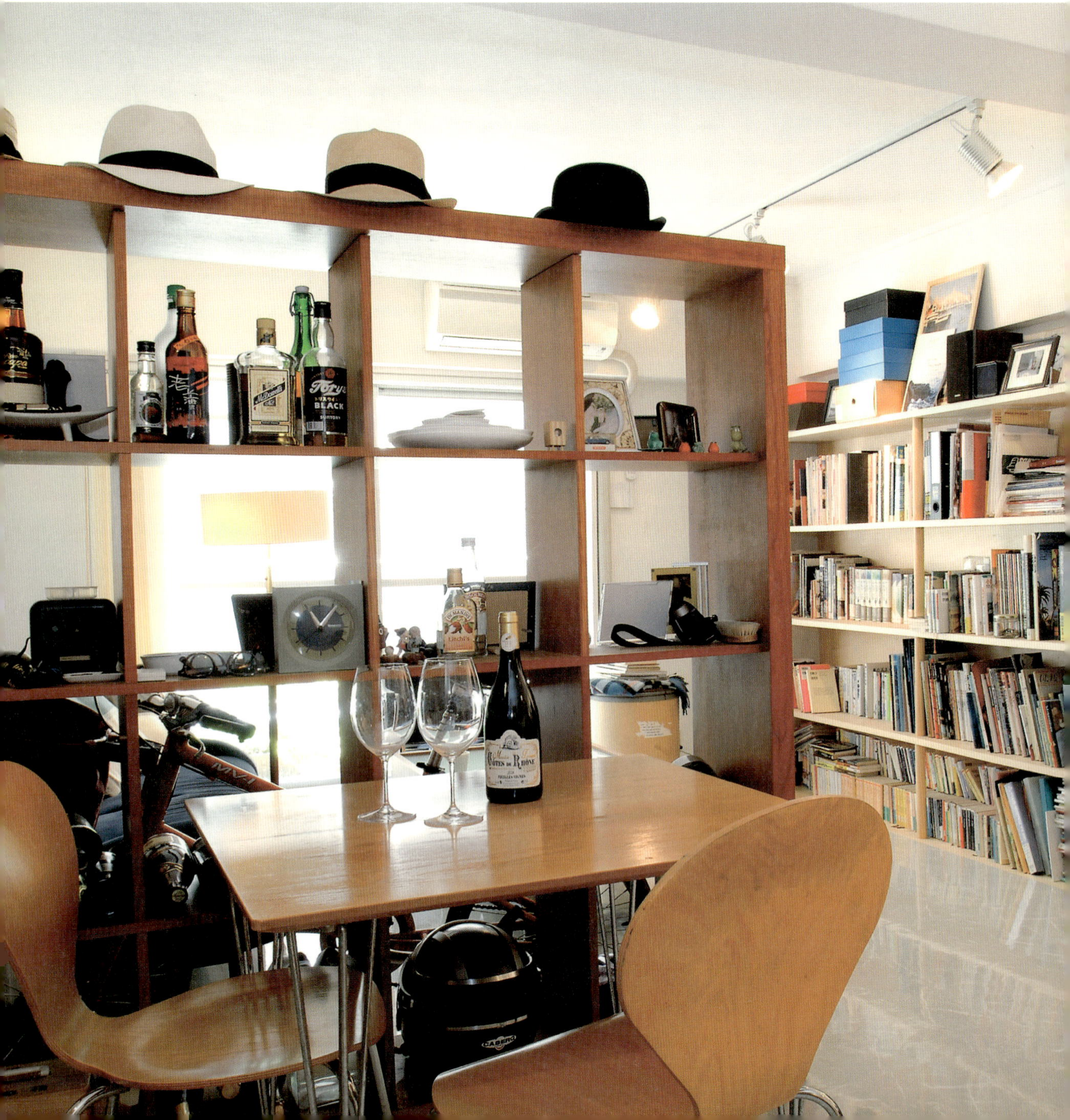

Living & Dining

거실·주방과 다다미방의 사이에 있던 장지
와 벽을 철거하고 발코니 쪽에서 들어오는
빛이 방 전체에 다다르도록 했다.

K 씨는 임대로 생활하던 지역의 환경이 마음에 들지 않아서 부근에서 찾은 35년 된 맨션을 구입해서 전면 리폼을 하기로 했습니다.

자신이 운영하는 가게의 내장을 맡았던 건축가이자 오래된 친구에게 물건을 찾는 단계에서부터 상의를 하고 계획을 의뢰했습니다.

기본적으로 발코니 쪽에 있던 다다미방을 하나로 합치고 거실·주방·키친을 넓고 밝게 만들고 싶었던 K 씨는 건축가의 감각을 잘 알고 있었고 친구인 건축가도 K 씨에 대해 잘 알고 있었기 때문에 기본적인 인테리어는 일임했습니다.

흰색을 바탕으로 한 색조와 밝은 목재가 빚어내는 공간은 부부가 디자인을 의식해서 고른 가구가 잘 어울렸습니다. 하지만 문제는 제한된 예산이었습니다.

그래서 예산을 쓸 장소와 쓰지 않을 장소를 정했습니다. 기능적으로 문제가 없는 욕실과 화장실의 설비는 그대로 사용하면서 침실은 저렴한 내장재로 마감을 했습니다. 또 시스템키친은 운이 좋게도 새것과 같은 중고품을 인도받았다고 합니다.

신경을 가장 많이 쓴 곳은 편안히 쉴 수 있는 거실과 주방과 키친. L자형의 개방적인 공간에는 애장서를 충분히 꽂을 수 있는 커다란 책장을 만들어서 북카페 같은 분위기로 완성했습니다.

부인이 가장 시간을 많이 보내는 방에 대해서 "방에 들어왔을 때 시선에 들어오는 조명 레일이 멋있다."고 하자 남편은 "회사의 중역실을 이미지해서 블라인드는 세로형으로 했다."고 맞장구를 쳤습니다. 이렇게 두 사람은 아름다운 디스플레이 속에서 일상을 만끽하고 있습니다.

책장은 큰 책을 꽂을 수 있는 사이즈로 제작했다. 책장의 칸을 고정해서 튼튼하고 안정감이 뛰어나다.

지인에게 인도받은 시스템 키친. 사이즈가 딱 맞고 흰색을 베이스로 디자인해서 전혀 손을 대지 않고 기분 좋게 사용하고 있다.

화장실은 기존의 설비를 활용해서 경비를 절감했다. 문은 페인트칠을 하고 꽃무늬였던 벽지는 심플하고 청결한 흰색으로 교체했다. 이전에는 세면실에서 출입했지만 칸막이를 설치하고 복도 쪽에 문을 달아서 편리성을 개선했다.

욕실은 욕조를 포함해서 예전 것을 그대로 사용했다. 표면을 연마하고 코팅을 다시해서 깨끗하다. 수전 등과 벽의 타일, 천정은 새것. 기능에 문제가 없는 것을 어떻게 활용하는가가 포인트.

당초는 벽지를 벗겨내고 페인트를 새로 칠할 예정이었지만 표면의 마감을 그대로 사용할 수 없는 상태여서 포기하고 회칠풍의 벽지를 사용했다. 흰색의 벽에 좋아하는 그림을 걸어두었다.

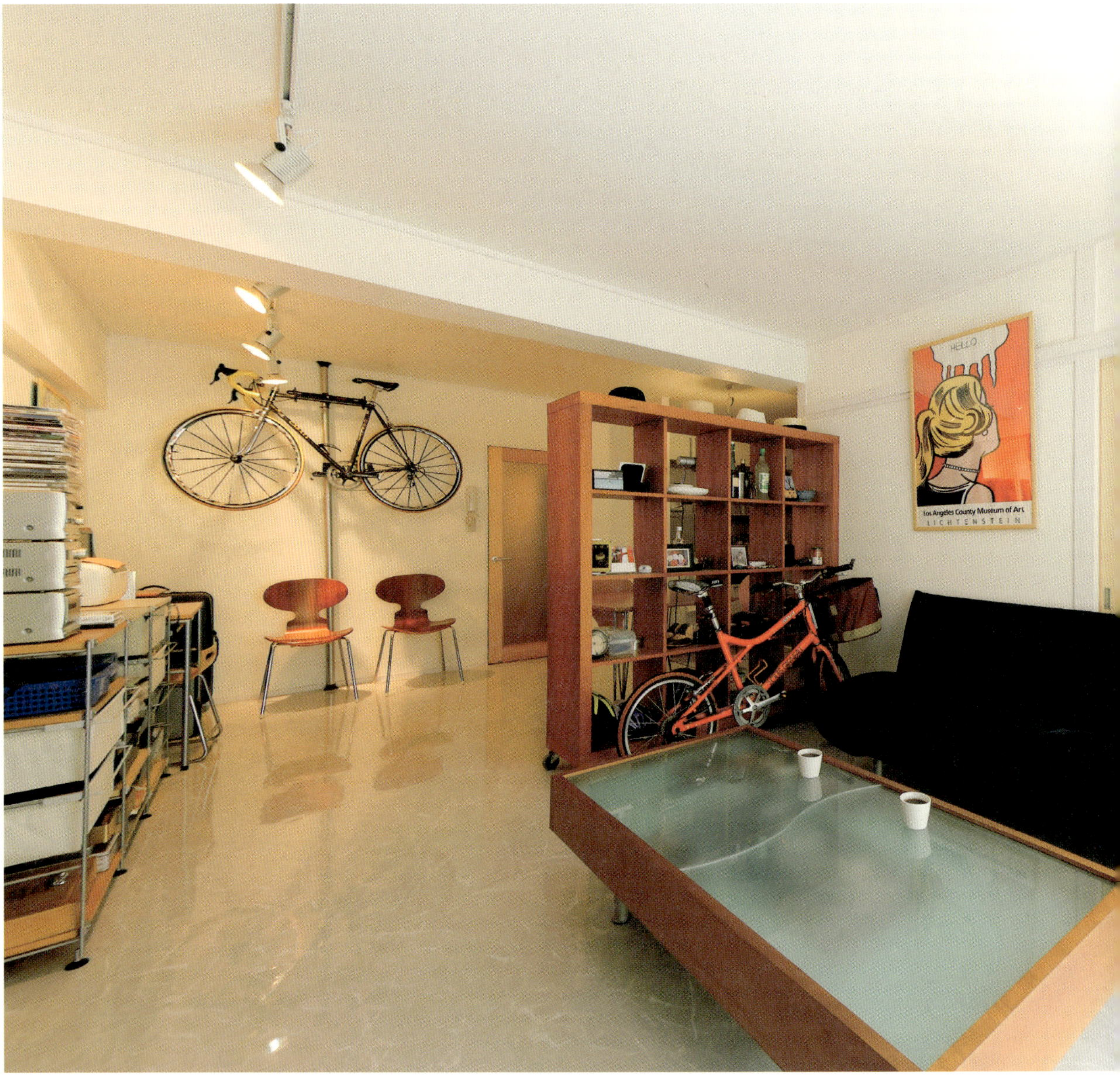

코스트 밸런스의 Point 5

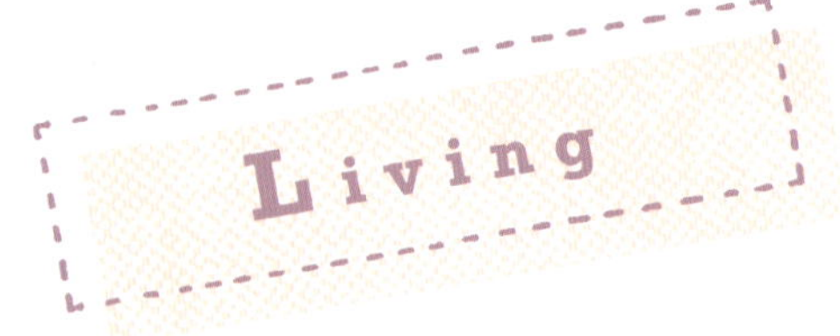

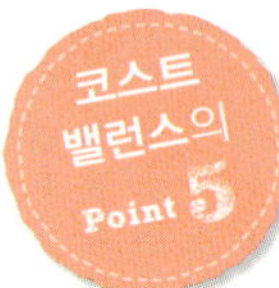

다다미방이었던 공간을 합쳐서 개방감을 높인 거실 · 주방 · 키친은 천정, 벽, 바닥의 내장을 전부 새로 교체해서 심플한 디자인으로 완성했다. 오래 지내는 장소에 포인트를 주고 잠만 자는 침실은 바닥에 합판을 까는 등 최소한의 리폼으로 경비를 절감했다.

Living

천정에는 덕트 레일과 스포트 라이트를 달았다. 남편이 운영하는 가게에서 사용하지 않는 기구를 활용해서 경비를 절감했다. 자전거를 두는 장소로 활용한 폴은 시제품을 사서 직접 설치했다.

예전 다다미방은 모던 디자인의 가구가 어울리는 스타일리시한 공간으로 다시 태어났다.

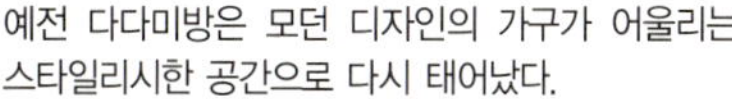

부인은 거실 소파에서 누워서 책을 읽는 시간을 가장 좋아한다고 한다. 옆에 있는 남편도 만족한 듯 웃고 있다.

Before

After

수납공간이 충실한 현관. 턱이 있던 벽에 문을 달아서 깔끔하게 보인다. 부인은 평평한 평면과 안쪽에 있는 세면실 입구의 아치 같은 시각적 요소가 마음에 든다고 한다.

공사비 내역

키친 시공비 · 운반반입비	50만 원
욕실(본 공사 외 설비기기 포함)	85만 원
욕실(시공비 · 운반반입비)	460만 원
세면실(설비기기 포함)	100만 원
세면실 시공비 · 운반반입비	275만 원
화장실 시공비 · 운반반입비	45만 원
합계	**1,015만 원**

＊세면실의 시공비에는 벽돌 칸막이벽 철거 포함. 키친 본체는 별도. 하프 유니트 욕실, 변기는 기존 제품 이용

Data

- 주거 형태 : 맨션
- 설비기기 : 키친 – 시스템키친, 욕실 – 수전, 세면실 – 세면대
- 마감 : 욕실 / 바닥 – 카페트 · 일부 쿠션 플로어, 벽 · 천정 – 비닐벽지, 욕실 / 바닥 – 기존 · 재코팅, 벽 – 타일, 천정 – 기존 보수 후 OP, 세면실 · 화장실 / 바닥-쿠션 플로어, 벽 · 천정 – 비닐벽지
- 면적 : 키친 – 7.0㎡(2.12평), 욕실 – 2.1㎡(0.64평), 세면실 – 3.1㎡(0.94평), 화장실 – 1.0㎡(0.3평)
- 완성 연도 : 2001년 1월(공사기간 약 40일)
- 설계 : 가토 건축설계실

Dining

거실 · 주방 · 키친을 ㄴ자형으로 합쳤기 때문에 거실에서 키친은 보이지 않고 손님이 왔을 때도 아주 편리하다. 요리를 잘하는 부인이 키친에서 매일 요리솜씨를 발휘한다고 한다.

Before

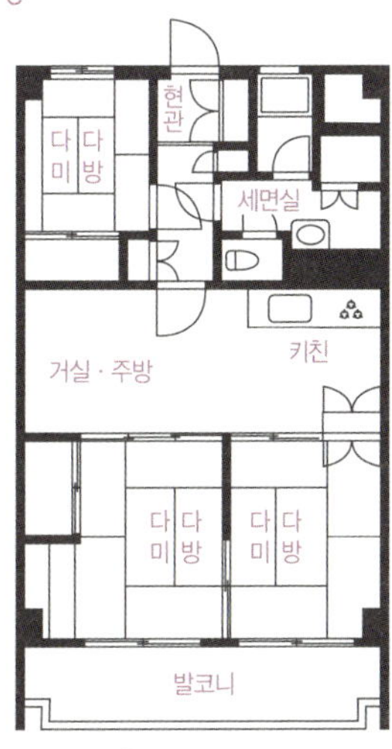

After

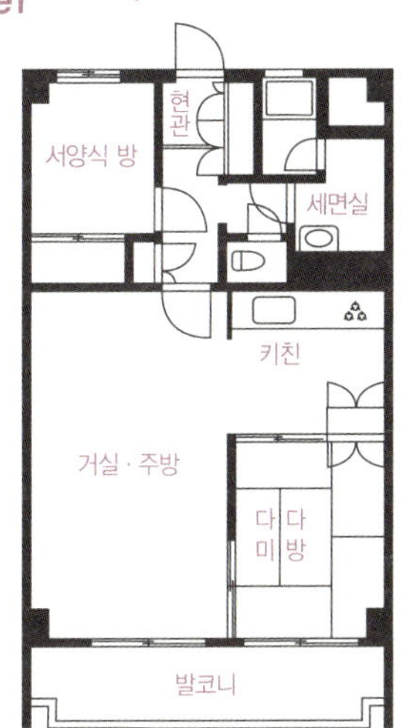

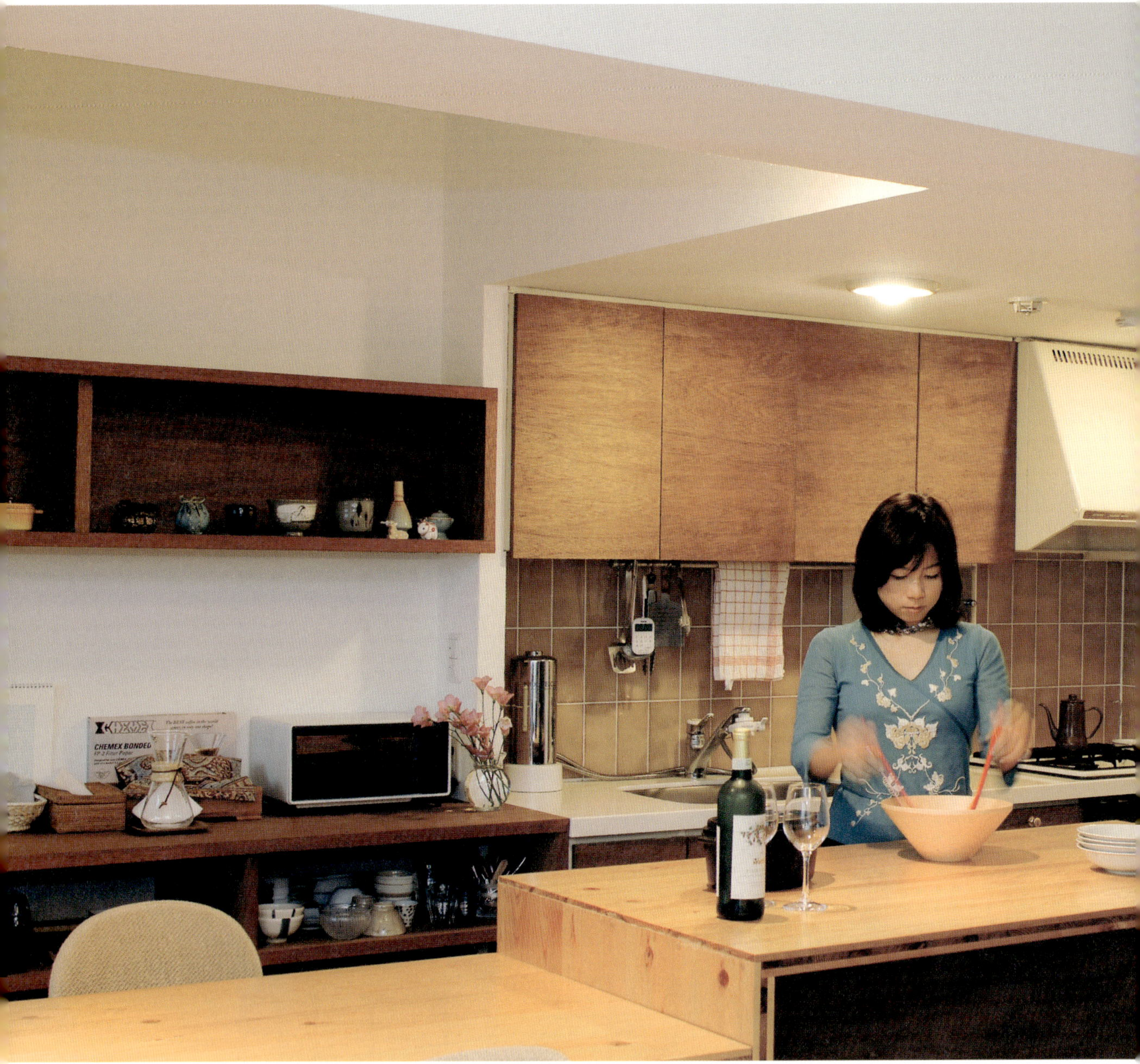

CASE 05

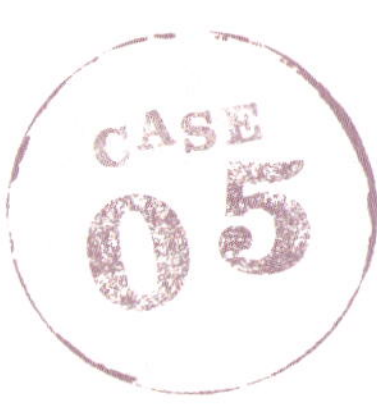

적은 경비로 화려한 변신!
아일랜드형 조리대에서 친구와
즐거운 시간을 보낼 수 있는 공간으로 완성

도쿄 도 S 씨(본인 38세)

After　Before

Living & Dining

높은 스툴을 두고 바 카운터로도 쓸 수 있
도록 조리대의 거실 쪽 벽면은 오픈했다.
주방 테이블과 병행해서 많은 사람이 모일
수 있는 공간으로 완성했다.

키친 배치는 이전 그대로 하고 앞쪽에 아일랜드
형 조리대를 만들었다. 가스레인지의 냄비 등을
원활하게 조리대로 옮길 수 있도록 키친과 같은
높이로 설계했다. 큰 조리대는 요리 준비를 하는
데 편리하다고 한다.

가스레인지와 싱크, 레인지후드 등 딱히 불편함이 없는 설비기기는 그대로 사용해서 경비를 크게 절감했다. 키친의 벽도 기존 타일을 그대로 살렸다.

Kitchen

(위) 식기장을 놓는 대신 키친의 연장선상에 오픈 선반을 설치했다. 서랍이나 문을 달지 않아서 경비를 줄였다.
(아래) 조리대의 키친 쪽 아래는 오븐을 놓을 수 있도록 선반 판자를 달았다. 휴지통도 쏙 들어간다.

키친 본체의 캐비닛과 찬장은 하얗던 색이 바래서 문만 교체했다. 재료비와 시공하는 시간과 품을 들지 않았는데도 마치 키친을 완전히 바꾼 것처럼 변신했다.

코스트 밸런스의 Point 4

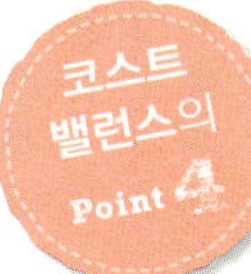

배관이 있던 들보의 측면에 레일을 설치해서 주방 테이블을 비추는 스포트라이트를 달았다. 적은 예산으로 공간을 세련되게 연출한 굿 아이디어.

Dining

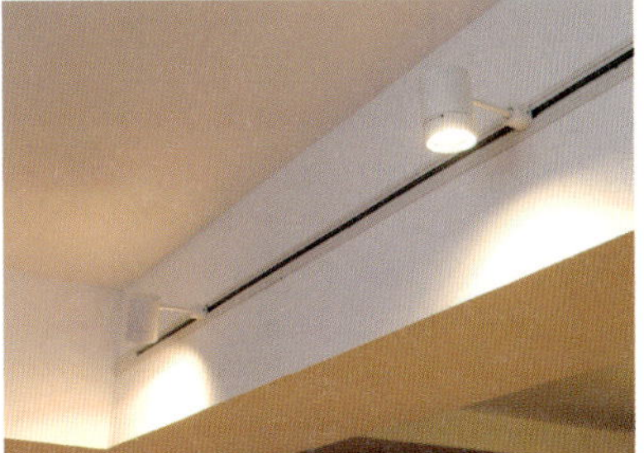

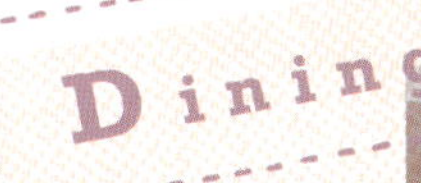

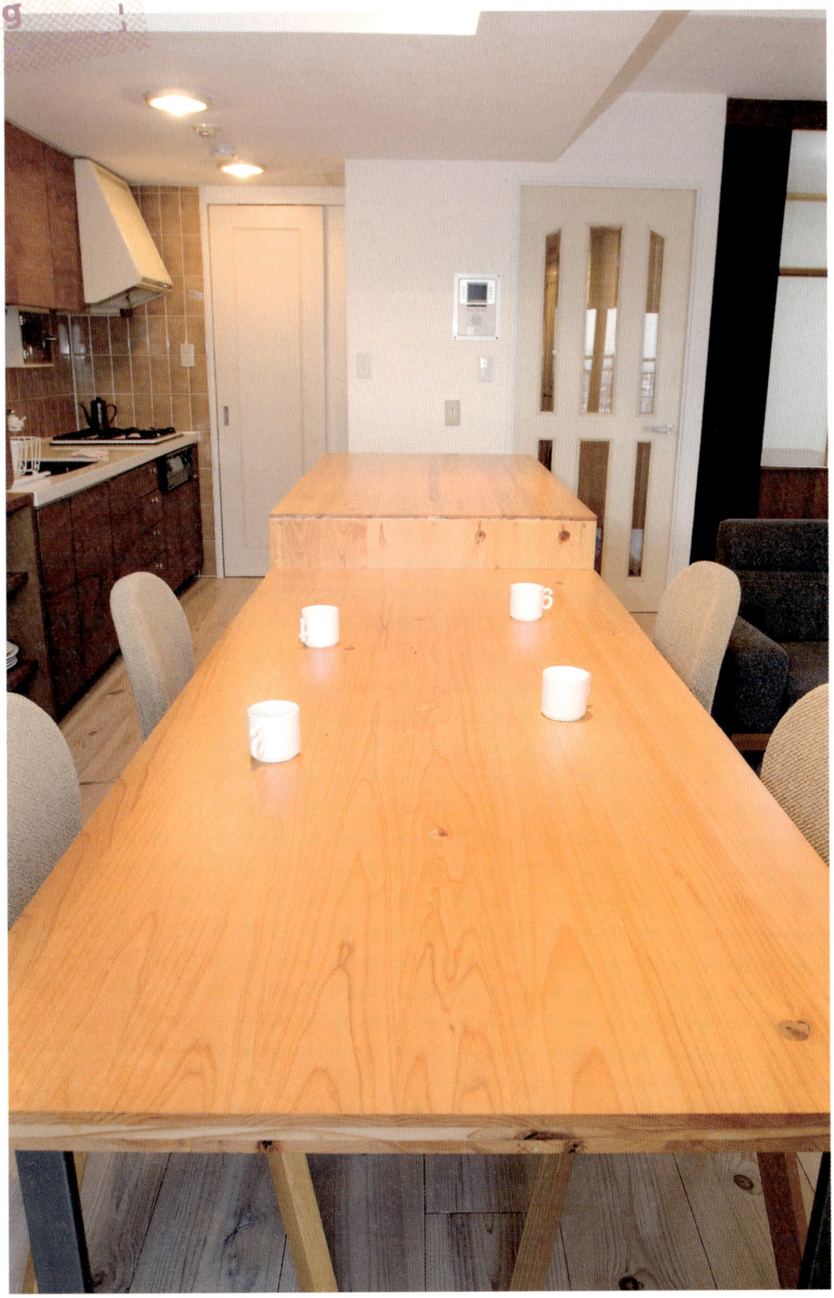

코스트 밸런스의 Point 5

건축가가 만든 주방 테이블과 조리대는 사용하기 편리한 사이즈와 공간에 통일감을 준다는 점에서 시제품과는 다른 메리트가 있다. 게다가 구입하는 것보다 경비도 줄일 수 있었다고 한다.

S 씨가 대학생 시절부터 살던 지은 지 20년 된 맨션은 방에서의 전망이 마음에 들지 않았다고 합니다. 키친의 양쪽이 벽으로 막혀서 어두웠고 밝은 공간에서 즐겁게 요리를 하고 싶어서 리폼을 결심하게 되었다고 합니다.

또 식품 관련 일을 하는 S 씨는 큰 접시에 요리를 담아서 파티를 할 수 있는 큰 사이즈의 조리대를 원했다고 합니다. 그를 위해 키친과 주방이 원룸으로 된 구조가 필요했습니다.

그래서 발코니와 키친 사이에 있던 방의 벽을 헐어서 키친과 합치고 여기에 공간을 넓히기 위해 거실·주방과 접해 있던 다다미방을 서양식 방으로 변경해서 개방된 공간으로 완성했습니다.

경비 절감을 중시한 S 씨는 키친 캐비닛은 기존 본체에 나왕합판을 덧대고 문만 바꿨는데도 공간 전체의 이미지가 바뀌어서 아주 만족스러웠다고 합니다. 또 히노키(편백나무) 3층 패널을 사용한 조리대와 주방 테이블은 새로 제작하고, 키친과 연결성을 살리기 위해 식기장을 제작하고 벽에는 장식장도 만들었습니다. S 씨는 이렇게 나무의 질감이 풍요로운 카페와 같은 편안한 공간을 완성하였습니다.

S 씨는 사람들을 초대하고 동료와 파티를 여는 경우가 훨씬 많아졌고 손님들도 넓고 기분 좋은 공간을 높게 평가하고 있다고 합니다.

서재 코너는 책상 주위를 깔끔하게 보이기 위해 주방에서 보이지 않는 복도 쪽의 벽을 사용해서 책장을 제작했다. 이곳에서 컴퓨터로 작업을 하고 있으면 거실과 주방의 창에서 밝은 빛과 함께 기분 좋은 바람이 불어 온다고 한다.

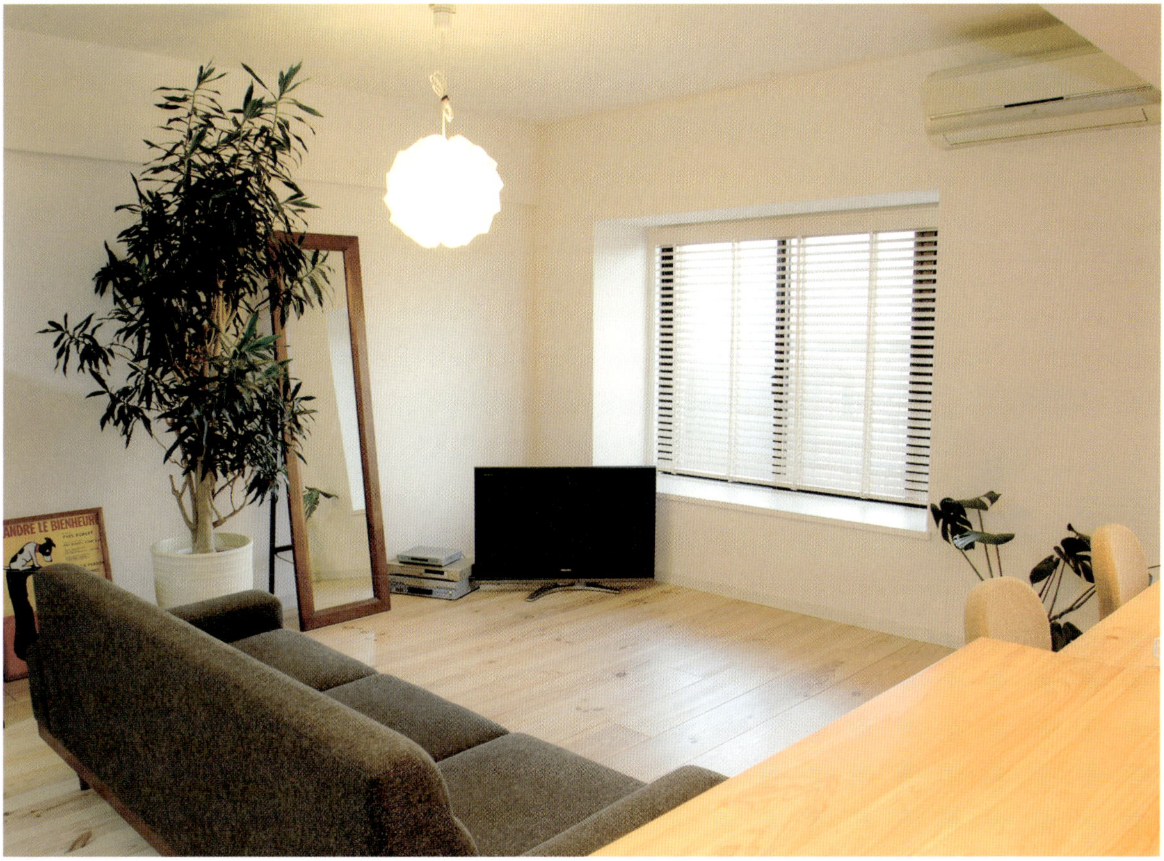

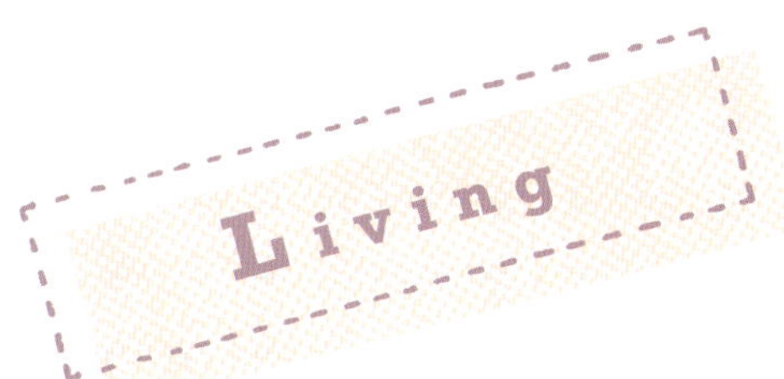

거실은 주방, 키친과 똑같이 바닥을 무구재로 교체하고 벽지였던 벽을 제습 효과가 있는 '누라카라토(ヌリカラット)' 미장 마감으로 바꿨다. 조리대에서 거실을 조망하거나 TV를 보면서 요리를 할 수 있도록 밝고 개방적인 키친으로 완성하여 요리가 한층 즐거워졌다고 한다.

Living

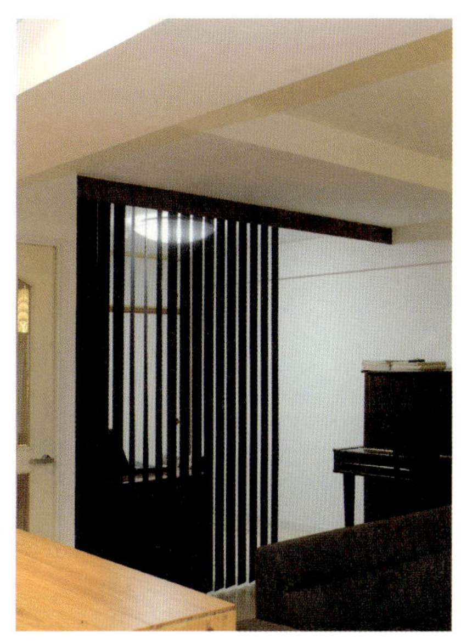

거실의 한쪽에 만든 서재는 필요에 따라 칸막이를 할 수 있도록 주문제작한 블라인드를 설치했다. 일하는 중에 손님이 와도 블라인드를 닫으면 어질러 놓은 책상 위를 가릴 수 있어서 좋다고 한다.

Before

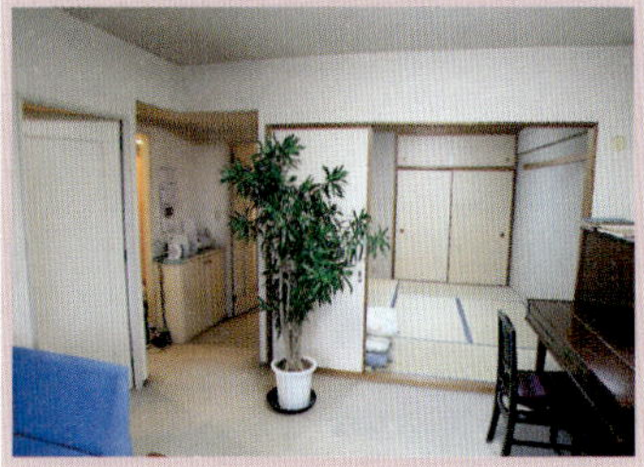

LDK

사진의 오른쪽 서재 코너는 본래 다다미방이었다. 다다미를 뜯어내고 서양식 방으로 바꿔서 거실 · 주방 · 키친과 합쳤다. 개방적인 넓고 큰 공간에서 기분 좋고 느긋하게 쉴 수 있게 됐다.

After

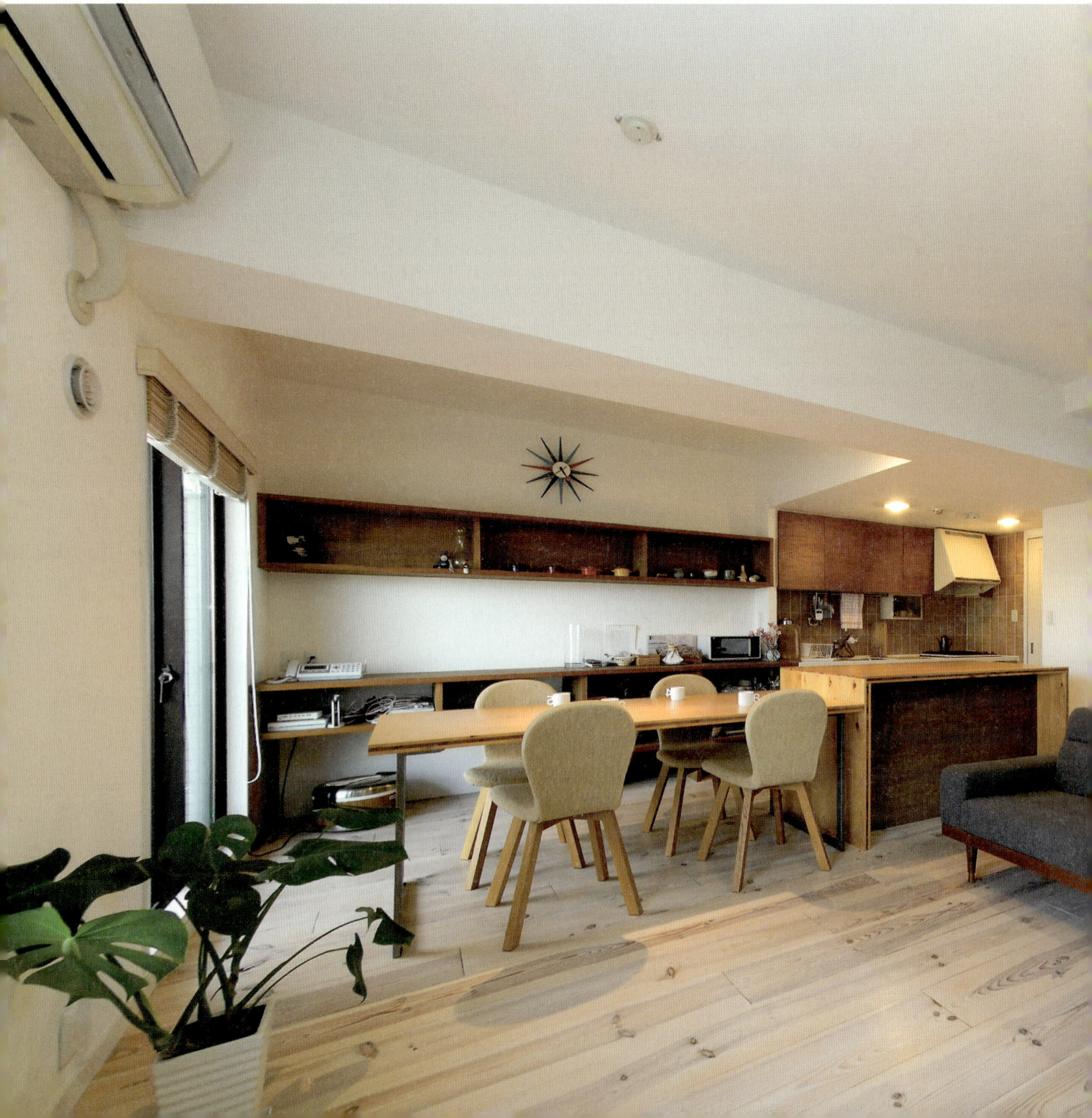

공사비 내역

키친 수납 제작	105만 원
키친 시공비 · 운반반입비	388만 원
세면실 · 화장실 시공비 · 운반반입비	105만 원
합계	**598만 원**

※비용은 모두 개산(槪算). 키친은 설비기기 무사용, 시공비에 캐비닛 문의 자재
 포함. 세면실 · 화장실은 설비기기 무사용, 시공비와 운반반입비 포함

Data

- 주거 형태 : 맨션
- 마감 : 키친 / 바닥 – 볼드 송판 무구 플로링, 벽 – 누리카라토
  미장 마감 · 키친의 기존 타일, 천정 – 누리카라토 미장 마감,
  세면실 · 화장실 / 바닥 – 코르크 타일, 벽 · 천정 – 비닐벽지
- 면적 : 키친 – 6.7㎡(2.03평), 세면실 – 3.6㎡(1.09평), 화장실 –
  1.1㎡(0.33평)
- 완성 연도 : 2008년 3월(공사기간 약 30일)
- 설계 : 파로 · 디자인

Before

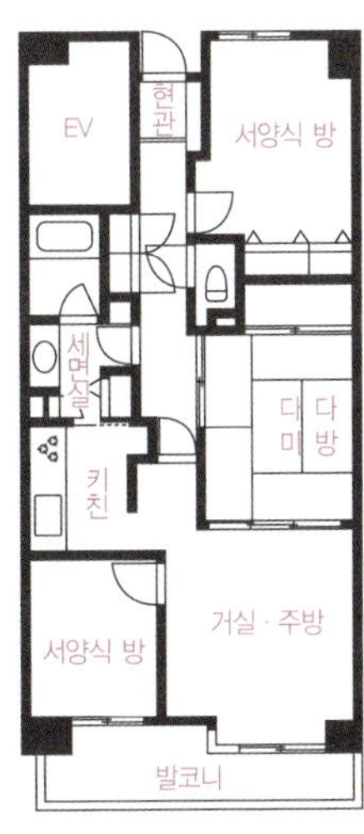

After

꿈을 이루어주는 코스트다운 아이디어 24

리폼으로 자신만의 개성이 가득한 집을 만들기 위해서 '무엇 하나도 적당히 타협하고 싶지 않다.'라고 생각하는 것은 당연한 일입니다.

하지만 누구에게나 자신의 경제적 사정에 맞춘 예산이 있기 때문에 그 속에서 경비를 줄이고 돈을 들이지 않아도 괜찮은 곳을 명확히 구분해서 경비를 조정해나가는 것이 현실입니다.

여기에서는 코스트다운의 포인트 외에 코스트다운에 비해 그 이상의 만족을 얻을 수 있는 중요한 비결을 소개하겠습니다.

코스트다운의 기본

01 몇 번에 걸쳐 리폼하는 것보다 한 번에 하는 편이 비용을 줄일 수 있다

키친과 방을 몇 차례에 걸쳐 따로따로 리폼하는 것보다 가능하면 한 번에 끝내십시오. 내장공사와 설비기기 설치 등 업체에 의뢰하는 내용이 중복되는 경우가 많고 몇 번에 걸쳐 리폼을 하는 경우에 비해 전체적인 비용을 절감할 수 있습니다.

02 구조를 큰 폭으로 변경하면 비용이 늘어나기 때문에 계획을 명확하게 한다

칸막이벽을 철거하거나 수도 배관을 이동하는 것과 같이 큰 폭으로 구조를 변경하면 그만큼 공사가 늘어나기 때문에 비용도 증가합니다. 경우에 따라 칸막이벽 전체를 없애는 것보다 일부만 없애는 편이 이상적인 경우가 있으니 사전에 충분히 검토를 하십시오.

03 추가 공사와 내용 변경은 추가요금이 발생하니 계획을 꼼꼼하게 세운다

막상 공사가 시작되면 '여기에 벽걸이를 달고 싶다.', '선반을 만들고 싶다.' 라는 식으로 추가공사와 공사내용을 변경하고 싶어지는 경우가 많습니다. 그때는 추가 공사비와 변경에 따른 비용이 발생하기 때문에 예산을 초과하지 않도록 설계단계에서 충분히 검토하십시오.

04 내장재는 사용하는 소재에 따라 단가가 다르기 때문에 소재 선택은 신중하게

바닥을 우드 플로링으로 하는 경우, 거실처럼 눈에 띄는 장소는 질이 좋은 무구재를 깔고 눈에 띄지 않는 장소는 베니어 합판의 플로링으로 합니다. 이렇게 등급을 나눠서 사용하는 것도 코스트다운의 방법입니다. 다른 소재도 등급에 따라 가격이 달라지기 때문에 비교해서 검토를 하십시오.

05 키친 본체는 사용하는 설비기기와 등급에 따라 가격에 차이가 있으니 주의를

키친 본체를 고를 때에는 먼저 자신이 어떤 키친을 원하는지 명확하게 하십시오. 기존 키친을 수리 보수해서 사용할 것인지, 등급이 낮은 기성제품을 설치할 것인지, 주문제작으로 선택할 것인지 전문가와 상담해서 결정하십시오.

내장 & 건구

08 벽과 천정은 구조용 패널을 사용해서 비용 절감

벽과 천정에는 내장재 대신 나무칩을 이용한 구조용 패널을 사용하는 것도 한 방법입니다. 사진 속 집의 경우, 나무의 따스함을 연출하면서 목조주택의 보강도 겸했습니다. (설계 / 에스)

06 콘크리트 천정은 마감을 하지 않고 보호재로 질감을 살리는 방법도 있다

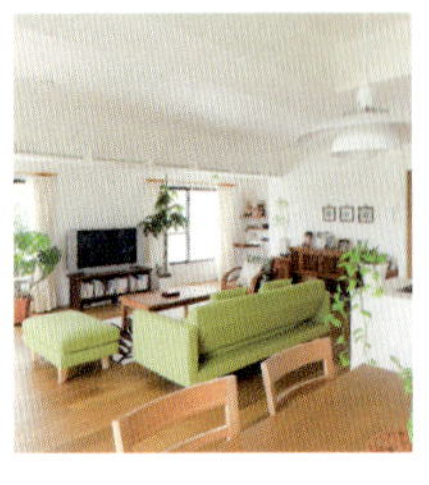

콘크리트로 만들어진 건물의 천정은 구체가 깨끗하면 보호재만 칠하는 것도 방법 중 하나입니다. 카페 같은 분위기를 연출할 수 있고 천정의 재료비 등도 절약할 수 있습니다. (설계 / 스타일공방)

09 벽은 직접 회칠을 하면 보람과 만족감을 얻을 수 있다

자신이 직접 내장을 마감하면 집을 리폼하는 데 참가했다는 기쁨과 함께 비용도 절약할 수 있습니다. 이 집은 벽의 회칠에 도전했습니다. 자신들의 노력과 추억이 담겨져 있어 벽을 볼 때마다 즐거워진다고 합니다. (설계 / 스타일공방)

07 손길이 닿는 바닥이나 벽에 비용을 들이고 천정은 벽지를 발라 경비를 조정한다

예를 들어 친환경 소재를 쓰고 싶다면 바닥에는 무구재를 벽에는 회칠풍의 규조토를 씁니다. 바닥이나 벽에 비용을 쓴 만큼 천정은 벽지와 같이 적당한 가격의 소재로 코스트다운을 꾀합니다. (설계 / brown+)

10 특색이 없는 창은 인테리어에 어울리게 DIY로 안창을 만든다

기존의 검은 섀시가 방의 내장과 어울리지 않는 경우는 섀시를 바꾸기보다 DIY로 안창을 만드는 편이 비용을 절약할 수 있습니다. 오리지널 디자인이라는 점이 최고의 매력입니다. (설계 / OKUTA LOHAS studio)

배치 & 가구 제작

13

사용 용도에 맞게 구분해서
사용할 수 있는 가구를 제작

사이즈나 디자인 등 자신이
바라는 용도에 맞춰서 제작
할 수 있는 맞춤 가구. 어떤 재
료를 쓰는가에 따라 기성품을
새로 구입하는 것보다 비용을
절약할 수 있기 때문에 전문
가와 상담을 하는 것이 좋습
니다. (설계 / 파로 · 디자인)

11

문을 달지 않아도 칸막이벽만으로도
여유롭게 구분할 수 있다

세면실과 화장실 벽의 일부를
헐고 문 없이 칸막이벽만 만든
원룸 감각의 화장실. 문을 달
지 않아서 재료비 등의 비용을
절감한 것 외에도 시공하는 시
간과 수고를 없앴습니다. (설
계 / 피즈 · 서프라이)

키친 설비

12

이동식 가구를 제작해서
칸막이 대신 다목적으로 활용

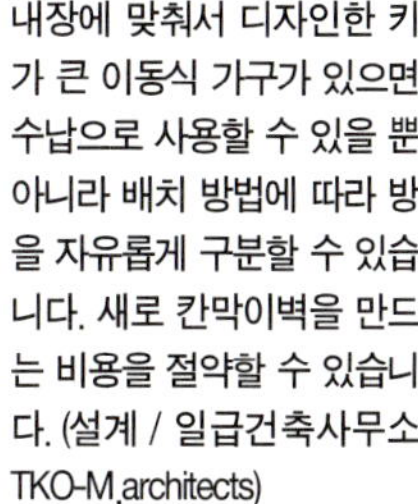

내장에 맞춰서 디자인한 키
가 큰 이동식 가구가 있으면
수납으로 사용할 수 있을 뿐
아니라 배치 방법에 따라 방
을 자유롭게 구분할 수 있습
니다. 새로 칸막이벽을 만드
는 비용을 절약할 수 있습니
다. (설계 / 일급건축사무소
TKO-M.architects)

14

시스템키친처럼 비용을 절감하고 싶은
설비기기는 아울렛을 이용하는 방법도
고려한다

시스템키친 등의 설비기기는
브랜드의 재고품이나 반품,
전시품 등을 파는 아울렛을
활용하는 것도 방법 중 하나
입니다. 뜻밖에 보물을 발견
할 수도 있습니다. (kao 일급
건축사사무소)

15

문의 면재만 바꿔도 키친의 인상은 완전히 달라진다

키친의 인상을 바꾸고 싶은 경우는 베이스 캐비닛과 찬장의 면재만 바꾸는 것도 효과적입니다. 문의 색상이나 소재만 바꿔도 키친의 인상이 크게 달라지고 마치 새로 만든 것처럼 변합니다. (설계 / 스타일공방)

16

시스템키친에 약간의 변화만 주어도 주문제작한 키친처럼 변신

시스템키친을 설치해서 키친을 L자형으로 배치하고 흰색으로 도장한 구조용 패널을 설치했습니다. 이것만으로도 주문제작한 키친 같은 분위기를 낼 수 있습니다. (설계 / 에스)

17

문의 수를 적게 해서 키친을 제작하면 코스트다운도 가능

자신에게 맞는 사양으로 주문제작한 키친은 캐비닛의 문의 수를 줄이고 오픈형 타입을 많이 이용합니다. 문을 만드는 데 드는 비용도 줄일 수 있습니다. (설계 / OKUTA LOHAS studio)

18

제작 키친의 오픈 선반은 문 대신 패브릭을 이용

제작한 키친 캐비닛의 오픈 선반은 문 대신 패브릭을 이용하면 문을 만들지 않은 만큼 경비를 절감할 수 있습니다. 천의 종류에 신경을 쓰면 자신만의 개성을 연출할 수 있습니다. (설계 / 스타일공방)

19

오리지널 키친 카운터는 리폼에 사용하는 자재의 종류를 줄여서 코스트다운

토방 스페이스의 재료와 똑같은 모르타르로 만든 독특한 질감이 개성적인 키친 카운터. 이처럼 리폼에 사용하는 건재의 종류를 통일시켜 줄이는 것도 코스트다운의 포인트입니다. (설계 / 田中亞沙美+에트라디자인)

20

배관 등의 위치를 바꾸지 않고 키친을 새로 만들면 비용을 절감할 수 있다

키친을 제작했지만 싱크나 가스레인지의 위치는 전과 동일하게 합니다. 배관을 이동할 필요가 없는 만큼 비용을 절감할 수 있고 설비만 바꿔도 이미지를 일신할 수 있습니다. (설계 / 가토 건축설계실)

기존의 설비·부재

23

주방 쪽 카운터는 기존의 것을
페인트칠을 해서 새로운 이미지로 변신

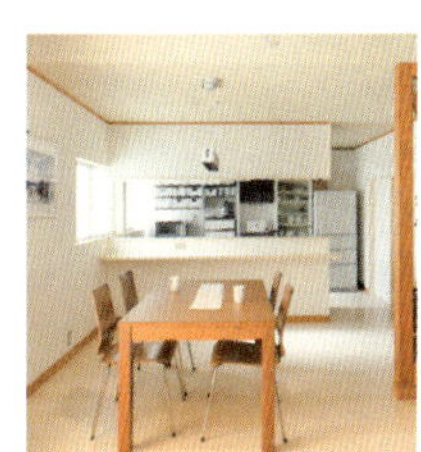

원래 주방 쪽에 있던 카운터는 리폼을 한 후의 분위기에 맞춰서 흰색으로 칠했습니다. 전부를 바꾸는 것이 아니라 기존의 것을 잘 활용하면 비용을 줄일 수 있습니다. (설계 / Ai 공간디자인실)

21

벽에 붙은 I형 키친은 거실과 주방 사이에
카운터를 만들면 대면 키친처럼 활용 가능

키친의 본체나 위치를 바꾸지 않아도 거실과 주방 쪽에 아일랜드 카운터를 만들면 분위기를 일신할 수 있습니다. 카운터와 캐비닛 탑의 문의 자재를 통일하면 전체가 주문제작한 것처럼 보일 수 있습니다. (설계 / 파로·디자인)

24

욕실 바닥과 욕조도 표면을 코팅하면
기존의 설비를 활용할 수 있다

기능면에서 문제가 없던 기존의 하프 유니트 타입의 욕실은 표면을 깨끗하게 닦고 코팅을 하자 아름답게 변신했습니다. 기성품을 어떻게 활용하는가가 중요한 포인트입니다. (설계 / 가토 건축설계실)

22

키친 설비는 그대로 두고 찬장이나
칸막이벽을 철거하면 오픈 키친으로 변신 가능

키친 세트를 교환하면 비용이 너무 비싸기 때문에 시선을 차단하고 있던 카운터 상부의 찬장을 없애고 오픈 키친으로 만들어서 이미지를 완전히 새롭게 했습니다. (설계 / 일급건축사사무소 K+Y 파트너십)